大学テキスト
自然地理学 上巻

大山正雄・大矢雅彦著

古今書院

はじめに

　私たち人類の発生は西アジアともアフリカとも言われ，すでに数百万年の年月が経過している。自然は人類の出現前より存在し，人類はこの自然の所産である。したがって私たちをとりまいている自然は，人間が生きてゆく上で絶対必要であるが，日常生活，とくに都会に住んでいるととかくそれを忘れてしまう。この場合の自然とは，地球表面を構成している土地，大気，水，生物や，地球表面に踊り出る火山や地震などの諸現象である。

　これらの自然の構成要素はそれぞれ独立しているのではなく，お互いに密接な関係を持っている。そして人々の生活にさまざまな影響を与えている。また，文化の発達とともに，人類は自然への働きかけを活発化し，しだいにそれは大規模となった。自然は改変されつつあるのである（西川・鈴木，1985）。

　地球表面の自然環境は本来，かなりの地域差を持っている。この地域差は人類の活動によりいっそう増大しつつある。これら自然を構成している要素やその変化を総合的に，とくにその地域差を研究するのが自然地理学である。自然地理学の研究対象は地形，気候，水，生物，それに火山活動，地震などであるが，あくまでこれらの自然を人間との関係において見るものである。

　よく，地学と自然地理学はどう違うのかとの質問を受けることがある。地学は純粋に自然科学的に地球を研究するもので，地球内部のことや人類出現以前の地表の環境，古生物など，現在の人々の生活と密接な関係がない事柄をも研究対象としている。これに対し，自然地理学は人間をとりまく自然環境を人間生活との関連においてみることに特色がある。

　この本の上巻では，最も多くの人々が住む平野の地形と，日常的に生活と関係する気候とを扱っている。気候学者である鈴木秀夫は，日本の国土の気候は，世界で最も恵まれていると思う旨述べている(西川・鈴木，1985)。これは気候ばかりではなく，平野地形についても言えることである。規模こそ小さいが，日本の平野は豊かである。

　こうした日本の自然環境の素晴らしさを世界の自然環境との比較によって本書から学び取られることを期待したい。また学習を通じて，日常的に自然環境や気にも留めなかった風景が，それなりの経緯と必然性を持っていることを知り，「なんだ，そういうことか」とあらためて認識し，自然の神秘性や面白さを味わっていただけたら，と思っている。

　下巻では，非日常的だが人間生活に大きな災害をもたらすことがある地震，火山を扱う。これまで別々に扱われていた山地，平野，海洋，大気，および地震，

火山などが相互に関連し，統一的に理解することができよう。日常生活で接している自然と非日常的に接する自然とは深くかかわっている。最近のさまざまな観測や調査研究の結果，統一的に理解することの必要性が一層重要視されている。

21世紀は水の世紀，観光の世紀ともいわれる。東京の年間降水量はロンドン，パリなどの倍もある。日本は資源の少ない国といわれるが，こと水に関しては豊富である。また，造山帯にあるがため地震も多いが，風光明媚な火山，そして温泉も多く，観光資源も豊富である。従来からの自然地理学の書籍にはなかった温泉の章があるのも本書の特色のひとつである。

本書は利用者の便宜を考えて上下巻分冊となっている。大学でのテキストとして扱う場合，担当教員の専門，あるいは学生の専攻，興味に合わせて別々でも利用できる。また，本書を利用されるにあたってはぜひ地図帳を座右に置いて頂きたい。とくに上巻では地形を描写した後，成因を考えるといったように帰納的方法をとっているので，地図帳があると理解が容易になる。

また，本書が大学のテキストとしてだけでなく，中高教員の教材，あるいは防災，環境保全などを扱う行政官庁，コンサルタントの方々に広く使われることを望むものである。

終わりに，本書，とくに図表の作成，編集にご協力頂いた堀田浩司，弥生ご夫妻，また，出版事情厳しいなか，出版を努力して頂いた古今書院社長橋本寿資氏，担当編集者の関田伸雄氏に対し厚く御礼申し上げる。

2004年5月1日

大山 正雄
大矢 雅彦

参考文献
西川 治・鈴木秀夫(1985) 1. 日本の風土と国民性　「人文地理学」西川治編　放送大学教育振興会

大学テキスト自然地理学　上巻　目次

はじめに　　　　　　　　　　　　　　　　　　　　iii

序章　地理学と地球科学 ──────────── 2
1　地理学とは　　　　　　　　　　　　　　　2
2　地球の姿　　　　　　　　　　　　　　　　4
3　世界の地形　　　　　　　　　　　　　　　6

第1章　日本列島の成立 ──────────── 20
1　日本列島の構造　　　　　　　　　　　　　20
2　第四紀　　　　　　　　　　　　　　　　　28

第2章　河川と平野 ────────────── 42
1　河川　　　　　　　　　　　　　　　　　　42
2　平野の大分類　　　　　　　　　　　　　　50
3　河川洪水による平野地形の形成　　　　　　51

第3章　治水・利水と平野の開発 ───────── 64
1　治水とは　　　　　　　　　　　　　　　　64
2　堤防の変遷と地域性　　　　　　　　　　　65
3　分水路（放水路）の建設　　　　　　　　　71
4　利根川東遷　　　　　　　　　　　　　　　72
5　利水　　　　　　　　　　　　　　　　　　74
6　ダムの建設　　　　　　　　　　　　　　　77
7　河川コントロールの大きな転換点　　　　　79

第4章　気候 ──────────────── 82
1　気候地域　　　　　　　　　　　　　　　　82
2　季節の起源　　　　　　　　　　　　　　　82
3　気温　　　　　　　　　　　　　　　　　　86
4　大気大循環　　　　　　　　　　　　　　　90

5	地域風（局地風）	100
6	日本の気候	102

第5章　海と気候 ──────────────── 110

1	海の形態	110
2	海の深さ	110
3	海水の成分	111
4	海の水収支	111
5	海水の大循環	112
6	大陸の東岸と西岸の気候	116
7	エル・ニーニョと異常気象	120

話題1	なぜ陸と海があるのか	18
話題2	ユーラシアとは	18
話題3	地球の一周は4万キロメートル	18
話題4	オゾン層の破壊と人類の危機	123
話題5	沙漠と語源	123
話題6	魔の無風地帯	123
話題7	風船爆弾	123
話題8	春分・秋分の日は彼岸の中日	123

下巻　目次
第6章　水文
第7章　プレートテクトニクス
第8章　地震
第9章　火山
第10章　温泉
第11章　自然地理学の応用

序章

地理学と自然科学

上高地田代池にて(大矢画)

序章　地理学と地球科学

1　地理学とは

　「地理学」とは，中国の周易の「仰いでもって天を見，俯してもって地理を察す」という言葉から来ている。この文中の「地理」とは土地のあや，模様を指す。衛星写真を見ると地球の表面が濃い所，薄い所，黒ずんでいる所，白っぽく輝いている所など，ちょうど模様のように見える。この「地理」という単語は朝鮮半島，日本で使われている。

　一方，西欧諸国では，ギリシャ語のGeographiaを語源とする。"Geo"とは「土地」を意味し，"graph"は「描く」こと，すなわち「土地を描くこと」を意味する。しかしこの"graph"はただ描くのではなく，「生き生きと表現する」とか，「目の当たりに見る」といった意味である。つまり，地理学とはただ対象とする地域の表面をなぞるだけでなく，その内側に介在するものを捉え，表現するのである。その中には人間とその活動も含まれる。

1-1　地理学の構成

　地理学の学問としての構成はどのようになっているのであろうか（図0-1）。
　地理学は大きく分けると，人文地理と自然地理の2系統に区分される。人文地理は経済地理，社会地理，歴史地理，政治地理，自然地理は地形地理，気候地理，水文地理に分かれ，さらに表のように細分化される。このような分類の地理学を系統地理学あるいは一般地理学とよぶ。
　一方，アジア，日本，関東地方などというように対象地域を限定し，その地域の自然や人文現象を記すのが地誌学である。
　一般地理や地誌学は主として学校教育の場において行われてきた。しかし第2次世界大戦後，社会の要求に応えるために地理学にもさまざまな新しい分野が誕生した。前述の地理学を基礎とした応用地理学である。またいずれのジャンルにせよ，地理学において地図と空中写真は重要な研究手段であり，これらそのものも重要な一研究分野を担っている。
　このように地理学は学問的にいろいろと細分化されてはいるが，実際に対象地域の現象を明らかにする場合，さまざまな要素が絡み合い，密接な関係を持っていることが多い。分野に囚われず，常に総合的な見地が必要なのも地理学の特色である。

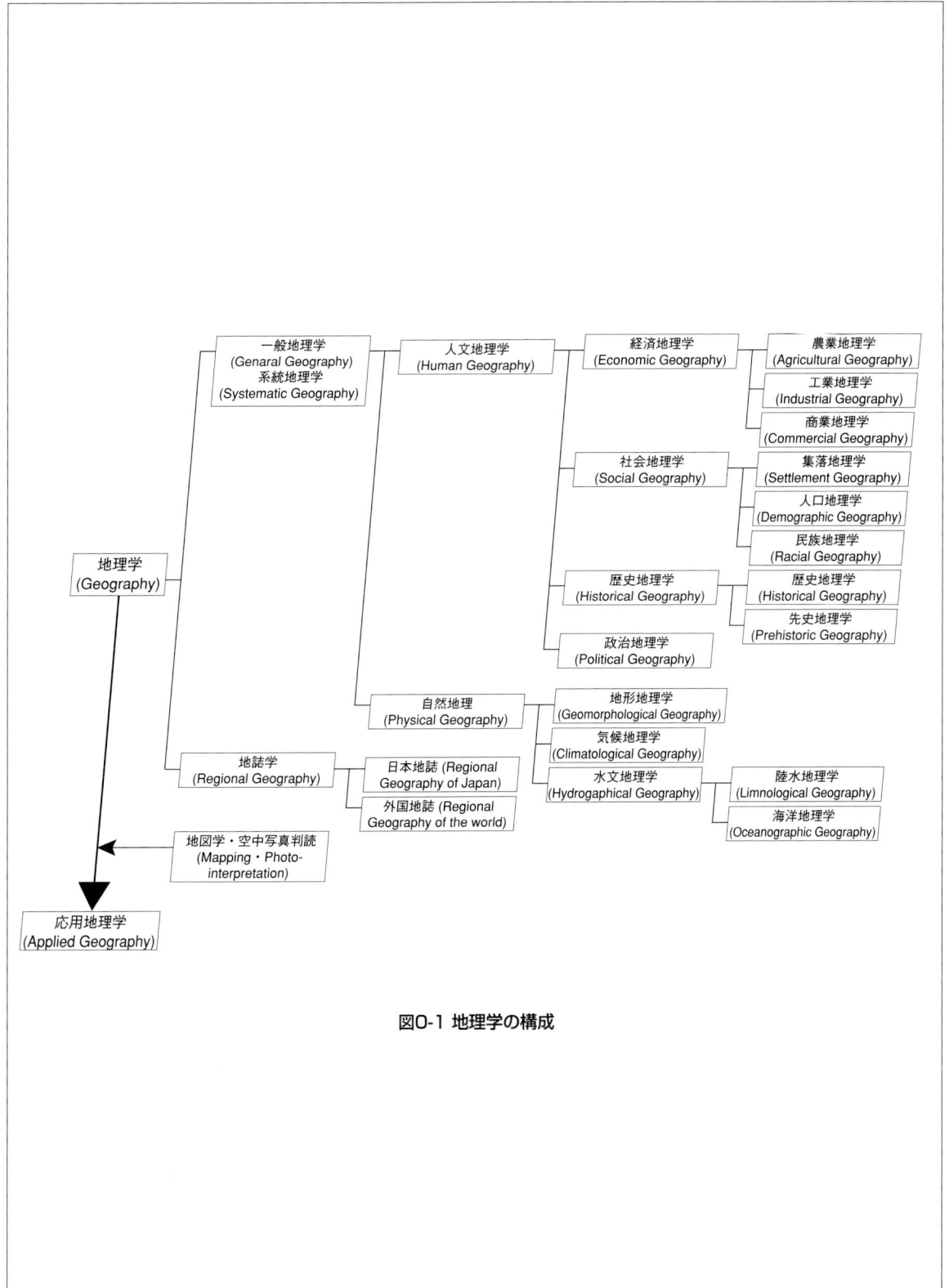

図0-1 地理学の構成

1-2　自然地理学

人類の生活を取り巻く自然環境は，地形環境，気候環境，水文環境，生物環境からなる。しかし，これらの環境は個々に独立しているのではなく，互いに密接に関連しあって存在している。自然地理学とはこれらの自然環境と人間活動の関わりを研究する学問である。

2　地球の姿

2-1　地球の全体像

地球は平均半径約6,370km，赤道周囲約4万kmのほぼ球形の天体である。地球が丸いと最初に考えたのは，今から2500年前のギリシャの哲学者にして数学者のピタゴラスと伝えられている。海の彼方を眺めていると，水平線上にマストがまず見えて，やがて船全体が姿を現すことから地球は丸いと思いついたといわれる。その後，地球が丸いという考えは約400年前に地動説を唱えたイタリアの天文学者・数学者のガリレオ・ガリレイに対する宗教裁判にみられるように，否定されていた時代もあった。今日では実感は別として，疑う人はいないだろう。

2-2　地球の表面

地球表面は流体の大気圏・水圏と，固体の岩石圏からなる。陸上はもちろんのこと，海洋底にも大山脈，平坦地，大地溝（海溝）が存在し，変化に富んでいる。地球の表面積は約5.1億km^{2}で，陸と海の面積比は，陸地約29％，海洋約71％，海洋面積は陸地のおよそ2.4倍である。陸地の平均高度は840m，海洋の平均水深は3,730mである。地球上を平坦にならすと，陸地は完全に無くなり，水深2,440mほどになってしまう（図0-2）。

地球上の最高点は8,848mのエベレスト（チョモランマ）山，最深点は－10,924mのマリアナ海溝のチャレンジャー海淵である。最高点と最深点の比高は約20,000mに達する。陸地の大山脈は大陸の中央に少なく，大陸の周辺部に多い。海溝も海洋底の中央ではなく，大陸周辺部に存在している。陸地の大山脈と海溝はほぼ隣接し，並列している。この地形配列は偶然ではなく，地球が球体で，そして活動をしている結果である。

2-3　地球の内部構造

地球の内部は化学組成によって，表面から地殻，マントル，コア（中心核）の3つの固体領域に大別できる（図0-3）。卵に例えれば，殻が地殻，白身がマントル，黄身が中心核となる。固体物質の部分は総称して地圏とよんでいる。地圏は

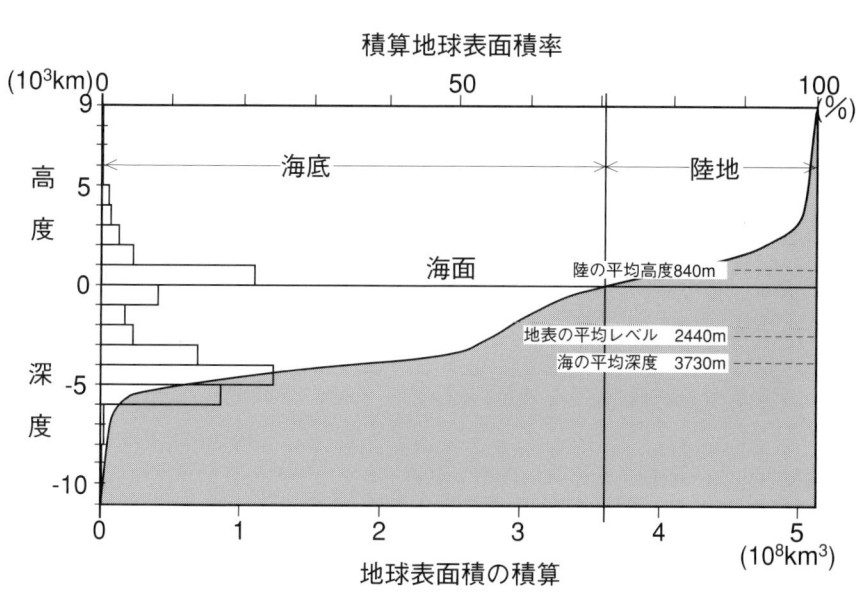

図0-2 地球表面の高度分布と平均地形断面

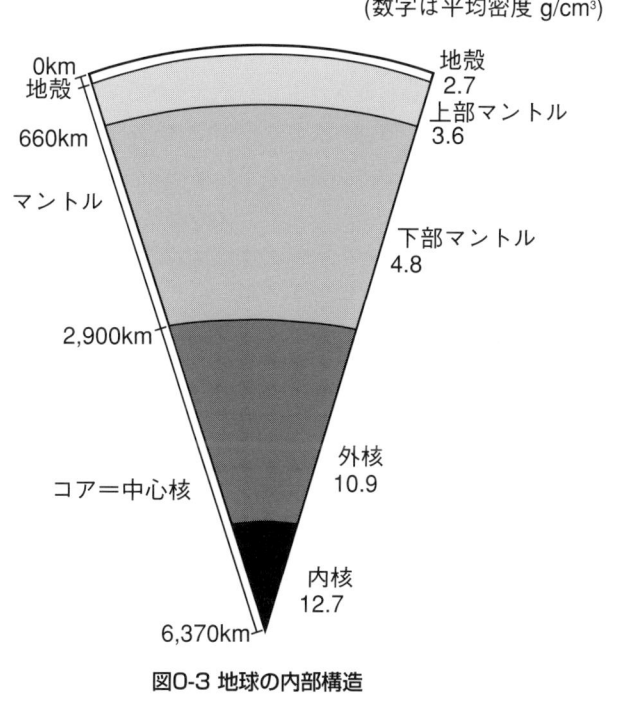

図0-3 地球の内部構造

さらに組成によって，地殻が大陸地殻と海洋地殻，マントルが上部マントルと下部マントル，中心核は外核と内核とに分けられる（表0-1）。それぞれの境界は観測される地震波速度の変化によって求められている。

地殻はケイ酸（SiO_2）とアルミナ（Al_2O_3）に富み，マントルはケイ酸と酸化マグネシウム（MgO）に富んだ岩石からなる（表0-2）。中心核は鉄とニッケルの合金であるが，外核は水素・酸素などの軽元素を5～10％ほど含んでおり，内核はほぼ純粋な鉄・ニッケル合金の金属の塊である。外核は地震波のS波（横波）を伝えないことから，液体の性質を持つ流体金属と考えられている。

地球は中心部ほど密度の大きい物質からなる。こうした密度差による層状構造は，次のように形成されたと考えられている。

2-4　原始の地球

地球は太陽を取り巻く無数の微惑星（直径約10km）が集まり，衝突・融合の繰り返しによって46億年前に誕生した。地球形成の初期には，微惑星の衝突で表面が1,800℃以上のドロドロに溶けた灼熱の海，いわゆるマグマオーシャン（magma ocean）が分布していた。微惑星に含まれていた数％の液体の一部は気化して厚い大気となって地球を覆っていた。地球は現在の大きさまで成長する頃になると，衝突する微惑星が少なくなり，しだいに冷えていった。地表部の温度が水の沸点以下になると，地球を覆っていた水蒸気の原始大気は豪雨となって大地に降り注ぎ，海を形成した。その頃から今日まで，海水量は大きく変わらないと推定されている。この水量は凸凹のない球状にすると，水の厚さは3,000mほどになり，地表を平らにしたときの現在の平均海水深2,440mと調和的である。

一方，地球内部は激しく攪拌されていたが微惑星の衝突が少なくなるとその状態が収まり，重い鉄の成分が中心部に落下してコア（中心核）を形成し，軽い岩石の成分が浮かび上がって地殻となった。このようにして地球は中心部に最も重い成分，表層部に最も軽い成分からなる成層構造を形成した。

現在の地球の内部は高温で，中心核では4,000～6,000℃と推定されている。この熱の大部分は地球形成時に確保されたものである。この他の熱源として，岩石に含まれている放射性元素の崩壊によって放出される熱がある。地球内部の熱はマントルの対流によって，表層部から宇宙空間に絶え間なく放出されている。火山，地震，温泉の活動は，局所的に行われる大量の熱（エネルギー）放出の現れである。このようにして地球はしだいに冷えている。

3　世界の地形

大地は決して不変のものではなく，常に何らかの作用によって影響を受け，地形は絶えず変わっていく。この作用は大きく分けて地球内部からの力，すなわち

表0-1　地球の構造（田近，1996：榧根，1980）

	厚さ	質　量		平均密度
	km	10^{23}kg	%	g/cm³
地球流体圏				
大気	500	0.00005		
海洋	2.44	0.01396	0.023	1.02
極氷	0.005	0.00024	0.0004	1.00
陸水・地下水		0.00010	0.0002	1.00
固体地球全体	6371	59.74	100.00	5.51
地殻全体	16	0.28	0.47	2.71
大陸地殻	35	0.22	0.37	2.65
海洋地殻	7	0.06	0.10	2.95
マントル全体	2875	40.00	67.00	4.46
上部マントル	635	10.60	17.80	3.65
下部マントル	2240	29.40	49.20	4.84
コア全体	3480	19.40	32.50	11.97
外核	2260	18.40	30.80	10.89
内核	1220	1.00	1.70	12.75

海洋と極氷の厚さは地球表面積5.1億km²で換算

表0-2　地殻と上部マントルの化学組成（田近，1996）

組成	大陸地殻	海洋地殻	上部マントル
SiO_2	58.0	49.5	45.1
Al_2O_3	18.0	16.0	3.3
FeO	7.5	10.5	8.0
MgO	3.5	7.7	38.1
CaO	7.5	11.3	3.1
Na_2O	3.5	2.8	0.4
その他	2.0	2.2	2.0

造山運動や，造陸運動などの地殻変動，火山活動や，地震などの内的営力（内作用）および，気候による岩石の風化，河川や波による侵食，堆積などの外的営力（外作用）に大別される。地形はその規模から大地形（構造地形）と堆積平野などの小地形に分けられる。大地形は内的営力によって，小地形は外的営力に支配される。

造陸運動とは，緩やかな波のうねりに例えられる。もしその上に船があれば，船体が緩やかに昇降する。一方，造山運動は高波に揉まれる船のように，狭い範囲の地域で土地が隆起したり，沈降したりする。堆積時には水平に積もった地層が，地下の高圧下でぐしゃぐしゃに折れ重なっている褶曲や，断層が多くみられるのが造山帯の特色である。

地球は数回にわたって造山運動を繰り返し，古い時代から順に安定陸塊，古期造山帯，新期造山帯の大地形をかたちづくっている。古いものほど侵食され，なだらかな外観を呈する。

3-1 地図を眺めてみよう

私達が見慣れている日本の地形には活動を続ける火山があり，高い山があり，それを削る河川があり，その下流には我々の住む平野が開け，海に面している。海にも東京湾のような浅い海から，駿河湾などの深度1,000mを越す深い海，リアス式の海岸や白砂青松の続く砂浜など，さまざまな顔を見せてくれる。しかし，世界を見渡すと必ずしもそれが普遍というわけではない。世界の大陸には広大な平坦な地形が広がり，火山や地震活動も少ない場所が多い。ここでは実際に地図帳を開いて，新期造山帯を軸に地球の表面を眺めてみよう。

＊1

＊1　日本で深度1,000mを越す湾は，ほかに相模湾，富山湾を合わせて3つだけである。

3-1-1 環太平洋造山帯

日本列島は新期造山帯である環太平洋造山帯の一画に位置している。日本列島の島弧を北へ延ばしていくと，千島列島，アリューシャン列島に連なる。この列島には火山や地震も多い。これらの島の太平洋側には千島・カムチャッカ海溝，アリューシャン海溝などの深海がある。

ベーリング海峡を渡ると，アラスカ半島から北米大陸の太平洋岸に沿って，アラスカ山脈，海岸山脈，ロッキー山脈などが連なる。アラスカには北米最高峰6,194mのマッキンリー山がある。カスケード山脈には1980年に爆発したセントヘレンズ山ほか，レーニア山などをはじめとする美しい火山が多い。ロッキー山脈と海岸山脈の間はコロンビア高原，グレートベースン，コロラド高原などの高地，盆地状の地形になっている。

ロッキー山脈は中米の西シエラマドレ山脈へと続き，分岐する。一方はそのま

アラスカ鉄道(アンカレッジ―フェアバンクス)から
みた峡谷(大矢1992年7月撮影)

セントヘレンズ火山　1980年爆発　磐梯火山と同じ
型の激しい爆発であったが規模が桁違いに大きい(大
矢2000年9月撮影)

アンデス山脈チリのオソルノ山(2,650m)　山型が
富士山そっくりで日本チリ修好100周年の記念切手の
材料となった(大矢1997年12月撮影)

南極半島のデセプション島にある温泉　暖かく周辺に
も温泉があり鳥がやってくる(人物は大矢1998年1
月撮影)

まパナマ地峡へと南下して南米大陸へ，他方は東ユカタン半島からキューバ島，ハイチとドミニカ共和国のイスパニョーラ島，プエルトリコを経る大アンティル諸島から，カリブ海を囲む島々からなる小アンティル諸島へ連なり，南米大陸のベネズエラからコロンビアへ向かう。途中で中米より南下する山脈と合流し，エクアドル，ペルー，ボリビア，チリ，アルゼンチンに跨(またが)る世界最長（約7,000km）のアンデス山脈へ続く。南米最高峰はアルゼンチンのアコンカグア（Aconcagua）山で，標高6,960mである。アンデス山中には，インカ帝国発祥の地といわれるティティカカ湖（標高3,812m）などの湖沼も見られる。

この中米から南米大陸の山脈列に平行して，太平洋岸の沖合には中央アメリカ海溝，ペルー海溝，チリ海溝がある。そのため，この地域では日本のように海溝型の巨大地震が多く発生する。

アンデス山脈の南端は「火の島」を意味するフエゴ島で，一年中海が荒れているドレーク海峡に没する。その対岸は第6の大陸，南極の南極半島である。この半島の付根にあるヴィンソン　マッシーフ（Vinson Massif）山は南極最高峰で4,897mの高さがある。温泉も湧き，南極の中でも変化に富んでいる。南極大陸は昭和初期の地図帳では，濃い茶色，すなわち，高い山地として扱われていた。しかし調査が進むにつれ，厚い氷に閉ざされていることが明らかになり，現代の地図帳ではすべて白く塗られている。この造山帯は南極大陸太平洋岸を通り，ニュージーランドからニューギニアへと続く。

ニュージーランドは北島と南島に分かれ，それぞれ火山島，氷河地形で有名である。北島にあるタウポ（Taupo）湖は世界最大の火口湖として知られ，琵琶湖に匹敵する面積を有している。

ニューギニア島は東のパプアニューギニアと西のインドネシア領イリアンジャヤに分かれている。最高峰はイリアンジャヤでは5,030mのジャヤ（Jaya）山，パプアニューギニアでは4,509mのウィルヘルム（Wilhelm）山である。このニューギニアからフィリッピン諸島にかけては活発な火山が多く，パプアニューギニアだけでもその数は100を超える。ミンダナオ島のすぐ東岸には1万mの深さを持つフィリッピン海溝がある。

ルソン海峡を隔てると台湾である。九州ほどの大きさのこの島には，富士山より高い山が11も存在し，最高峰は玉山（3,997m）である。

台湾から沖縄は目と鼻の先である。琉球列島を経て，九州には阿蘇，桜島，霧島など大型火山が多い。日本でもっとも標高の高い地域は中部日本山岳地帯に集中し，飛騨山脈（北アルプス），木曽山脈（中央アルプス），赤石山脈（南アルプス）がそびえ，3,000m級の山々を擁している。日本最高峰の富士山（3,776m）は本州のほぼ中央に位置している。東北日本には太平洋側に北上山地，阿武隈山地が，中央に奥羽山脈が，日本海側に出羽山地が平行に走っている。北海道は中央部を北見山地，日高山脈が走る。最高峰大雪山（2,290m）をはじめ，羊蹄山などの火山がある。阿寒岳，有珠山など，大規模なカルデラは北海道と九州に多

ニュージーランド南島の氷河公園(大矢1988年10月撮影)

パプアニューギニアでは気候の関係で高地のほうが人口稠密 これはマウントハーゲン標高約1500mの市場(大矢1988年9月撮影)

ラバウル ニューブリテン島の北端の火山性の湾 第二次世界大戦中の日本海軍の基地 海底にはその船55隻が沈没している(大矢1988年9月撮影)

台湾中央山脈の東側の急崖と扇状地(大矢1996年11月撮影)

い。日本列島に平行して，琉球海溝，日本海溝が走る。

　以上の造山帯のことを環太平洋造山帯（Circum Pacific Orogenic Movement Area）という。そして汎地球的にみるともう一つ，別の地域に造山帯が見出せる。

3-1-2　アルプス（地中海）－ヒマラヤ造山帯

　世界最高峰8,848mのチョモランマ（エベレスト）をはじめ8,000m級の山々を擁するヒマラヤ山脈もまた，ユーラシア大陸を貫くアルプス―ヒマラヤ造山帯の一画にあたる。ヒマラヤ山脈はインド亜大陸がユーラシア大陸にぶつかっている地帯にある。太古の昔，両大陸の間にはテーチス海と名付けられた海があった。チョモランマ山頂直下には，貝化石を含んだ激しい褶曲を受けた地層が見られる。

　ヒマラヤ山脈は東部では南へ向きを変え，パトカイ，アラカン山脈，さらにインド洋のアンダマン，ニコバル諸島，インドネシアへと続く。

　インドネシアのスマトラ島のインド洋側はバリサン山脈とよばれる。インドネシアにも活火山が多く，スマトラ島とジャワ島の間にあるクラカタウ島，ジャワ島のメラピ火山，クルド火山など枚挙に暇がない。

　この小スンダ列島は東端で先に見た環太平洋造山帯とつながる。そのためスラウェシ島や，ハルマヘラ島などK字型をした面白い形の島が見られる。

　一方，ヒマラヤからカラコルム山脈へ向かう山列は，パミール高原で向きを変え，ヒンドゥークシュ山脈へ続き，イラン高原を挟んでオマーン湾，ペルシア湾沿いにたどるとザクロス山脈，北側をたどるとエルブールズ山脈となる。エルブールズ山脈からアジアとヨーロッパを分岐するカフカス山脈，カルパチア山脈からアルプス山脈につながる。アルプスの最高峰は4,808mのモンブランである。その他にもマッターホルン，ユングフラウなど，4,000m級の名峰が続く。

　アルプス山脈はまた，スペインのピレネー山脈や北アフリカのアトラス山脈，トルコのトロス山脈などとともに地中海を取り巻く山脈群の一部をなしている。そこで，この造山帯は地中海―ヒマラヤ造山帯ともよばれる。

　またイタリアにも脊梁山脈のアペニン山脈がある。イタリアもシチリア島のエトナ火山（3,323m），ポンペイの町を埋め尽くしたベスビオ火山（1,281m）など，日本と同じく火山・地震で有名である。

　以上，陸地の造山帯を眺めてきたが，海底にそびえる海嶺も海洋の造山帯といえるだろう。大西洋中央海嶺は最大のものである。

3-1-3　造陸帯・中間帯

　大陸を眺めると，造山帯とは異なった地形が見受けられる。シベリア鉄道に沿った景観をみてみよう。スタノボイ山脈は緩やかに起伏する老年期山脈である。麓には広大な草原，牧草地，防雪林の白樺林が広がっている。最低所には川が蛇行して流れ，川沿いに集落や畑がある。これが典型的なシベリアの景観である。

カトマンズ郊外のカカニ峠よりみた朝焼けのガネッシュヒマール7,406m（大矢1968年12月撮影）

東部ジャワのクルド火山　活動後の豪雨のため著しく侵食されている（大矢1990年9月撮影）

スイスアルプスのモンテローザの氷河　二つの氷河が合流して中央に黒い筋が見える（大矢1991年9月撮影）

スイス　マッターホルンへの登山電車
（大矢1991年9月撮影）

山麓の平野は侵食平野である。また現地語で「緑の樹海」を意味する針葉樹林帯「タイガ」が広がる。

バイカル湖の西，イルクーツクからウラル山脈間は西シベリア低地である。この間にはエニセイ川，オビ川，レナ川などの大河が流れる。これらの河川の流域面積はほぼ同じ規模で，それぞれ270万，243万，242万km^2（国立天文台，2001）と，日本最大の利根川の約160倍の面積がある。これらシベリアの河川は南から北に向かって流れ，北極海に注いでいる。冬には凍結するが，春になると上流から融雪，融氷が始まるため，破砕された氷が流路を堰き止め，決壊し，中下流で洪水が発生する。

ウラル山脈は古期造山帯である。侵食が進んでいるため，山脈といっても日本の山とは違い，標高も2,000m以下でどこが山脈かわからないほど緩やかにみえる。日本人の感覚から言えば，「ウラル丘陵」のほうがふさわしい。ここにはヨーロッパとアジアの境の石碑（写真）が立っている。

ウラル山脈より西は東ヨーロッパ平原である。ここにはヨーロッパ最大最長のボルガ川が流れる。この河川の流路延長は3,688kmだが，源流の標高は225mしかない。源流からカスピ海までを50日かかって流れるという平坦さである。現在では途中に建設されたダムのため，1年半かかるという。ちなみに日本の木曽川では，木曽御岳山麓の王滝川の三浦ダムから濃尾平野出口の犬山の間約160kmを6時間半で（洪水時）流下する。クレムリン宮殿の一部はモスクワ川が濠となっている。ヨーロッパでは平坦なため，川をつないだ運河による船交通が盛んである（大矢，2000）。

造山帯と造陸帯（安定陸塊）の間には比較的低い山地が広がる。朝鮮半島の大韓民国に例を取ってみよう。

大韓民国には高山は存在せず，最高峰は済州島の漢拏山（ハンル）（1,950m），半島では小白山脈の智異山（ジリ）（1,915m）である。山の形は山頂付近は急峻だが，山麓にはなだらかな広い緩斜面が平野につながる。このような山は初期老年期に区分される。日本では水田の広がる平野と，森林の山地の境が明瞭だが，韓国の場合は山麓緩斜面にも畑や水田が広がっている。

日本列島に多い火山も朝鮮半島にはなく，鬱陵島（ウルルン）と済州島に存在するのみである。地震もほとんどなく，あっても小さいものばかりである。河川は流域面積が大きいものが多く，最大の洛東江は23,859km^{2}で，勾配は緩やかである。平野の様相も日本とはかなり異なっている。日本の場合，山麓には沖積扇状地が存在するが，韓国の場合は岩石扇状地で，砂礫層が薄く被覆しているに過ぎない。下流の平野も同様で，ところによっては岩盤が露出している。韓国でもっとも厚い砂礫層は，洛東江河口付近で，層厚50mと日本と比べるときわめて薄い（大矢，1971）。

このような地域は中間帯とよばれ，かつて造山運動で隆起したが，その後地盤運動が安定している地域である。長い間に軟らかい地質は侵食され，硬い部分が

バイカル湖を行く（大矢1999年6月撮影）

ウラル山脈中のヨーロッパとアジアの分岐点の碑 とても山脈の中とは思われないなだらかさ（大矢1999年6月撮影）

韓国の大邱盆地は山麓扇状地があるように見えるが日本のような砂礫扇状地でなく岩石扇状地（ペディメント）である（大矢1968年8月撮影）

洛東江河口デルタ 韓国で最も砂礫層が厚いが50mしかなく日本の数千mある平野とは根本的に異なる（大矢1995年4月撮影）

残った結果，現在見られる地形になった。

3-2　日本の造山帯地形

　日本列島は北海道，本州，四国，九州の4つの島と，その付属島嶼から成っている。その地形の特色は，大部分が山地でしかも高峻な山地が多いこと，火山とくに活火山が多いこと，山地斜面は急であるばかりでなく細かく谷に刻まれていること，河川，海岸に沿って段丘が発達していること，駿河湾，相模湾，富山湾を除く近海には浅海が発達していること，日本列島に沿って日本海溝などの深海が発達していることなどである。

　これらは第三紀から第四紀にかけての活発な地殻変動，多量の降水による侵食作用など，造山帯の特色をよく表している。また，これに関連して地震，地すべり，洪水氾濫等の災害も多い一方，多くの国立公園があることからもわかるように，温泉を持つ観光地，保養地も多い。

　一概に造山帯といってもかなりの地域差があり，その表情は異なる。図0-4に日本の山脈を示す。

　北海道は札幌─苫小牧線を境として東側の胴体部と西の渡島半島部に分かれる。胴体部の山地はやや低くなだらかで，谷底は広い。その理由は，この地域の地殻運動がやや造陸運動的だったこと，寒冷期に周氷河作用を受けていることなどによる。そこに千島火山帯に属する火山が配列している。

　東北地方は白川─盛岡線によって，東部の阿武隈山地，北上山地と西部の奥羽山脈，出羽丘陵と明瞭な差がある。北上，阿武隈両山地には全く火山がなく，形成年代が古いため侵食が進み，侵食平坦面が残っている。一方，奥羽山脈，出羽丘陵は形成年代が新しく，火山が多く，河川に沿って盆地と峡谷が交互に見られる。この特徴は北海道の渡島半島部まで続いている。

　中部地方のフォッサマグナ（大断裂帯）には，富士山をはじめとする多くの火山がある。その西側は，日本でもっとも高峻な中部山岳地帯となっている。

　西南日本は中央構造線を境として，西南日本外帯と内帯に分けられる。外帯は比較的緩慢な隆起運動を行ったところで，山地はドーム状を呈している。川は深い峡谷を穿っているが河口に大規模な平野は見られない。内帯は断層活動が活発で，盆地や地塁山地が多い。このように日本列島は環太平洋の一角をなすが，各地域にはそれぞれの個性がある。これについては第1章で詳述したい。

序章の参考文献
大矢雅彦（1971）韓国の自然，地理，16巻
大矢雅彦（2000）シベリア鉄道10000kmの旅（1），地図ニュース，331
大矢雅彦（2000）シベリア鉄道10000kmの旅（2），地図ニュース，333
大矢雅彦（2000）シベリア鉄道10000kmの旅（3），地図ニュース，336
田近英一（1996）「地球の構成，岩波講座地球惑星科学1」，47-100
榧根　勇（1980）「水文学」大明堂

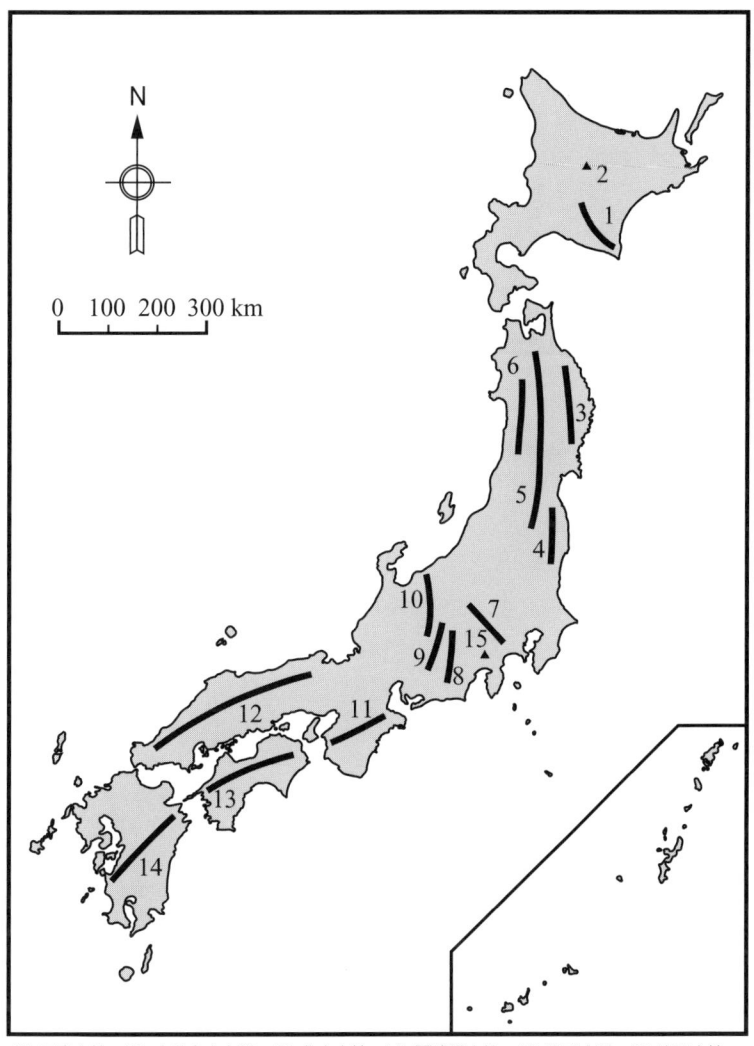

(1) 日高山地, (2) 大雪山火山群, (3) 北上山地, (4) 阿武隈山地, (5) 奥羽山脈, (6) 出羽山地, (7) 関東山地, (8) 赤石山脈(南アルプス), (9) 木曽山脈(中央アルプス), (10) 飛騨山脈(北アルプス), (11) 紀伊山地, (12) 中国山地, (13) 四国山地, (14) 九州山地, (15) 富士山.

図0-4 日本の山脈

【話題1】 なぜ陸と海があるのか

　地球の表面は陸と海でおおわれている。地球の表面積は約5.1億km²で，このうち，陸が29%，海が71%を占めている。ところで，なぜ地球上に陸と海があるのであろうか。答えは陸地と海底を作っている成分が違うからである。平均密度は，山脈や平野を作っている大陸地殻が2.6g/cm³，海水をたたえている海洋地殻が2.9g/cm³である。大陸地殻は海洋地殻より約10%も軽い。軽い物質と重い物質が並んで均質な物質に乗っていると重い方が深く沈んでしまう。水は低い所に流れ込む。したがって，海水はへっこんでいる海洋地殻の部分にたまるので地球の表面に海と陸が存在することになる。

【話題2】 ユーラシアとは

　地球上で最大面積の陸地はユーラシア大陸で，全陸地面積の40.3%を占めている。ユーラシア(Eurashia)とはヨーロッパ(Europa)とアジア(Asia)の合成語である。ヨーロッパは，面積がアジアの1/3程度であるのでアジアの半島ともいわれるが，歴史，文化，政治，経済などの点からアジアと同等とされる。では，アジアとヨーロッパの境界はどこかと言うと，今日では通常，ロシアを南北に連ねるウラル山脈(15ページの写真)，そこからカスピ海に注ぐウラル川，カスピ海，西に方向を変えてカフカス山脈，黒海，再び南下してボスポラス海峡，地中海，スエズ運河，紅海，インド洋をつないだ線である。

　アジアとヨーロッパの語源はアッシリア(前18～7世紀)の碑文に見えるアッス "assu(日の出，東)" とエルブ "ereb(日没，西)" で，それが古代ギリシャ時代に現在のアジア(Asia)とヨーロッパ(Europa)とになったと考えられている。なお，東を意味する英語の "east"，フランス語の "est"，ドイツ語の "ost" などの語源はアッスが転訛したものである。オーストリア(Austria, 独語でOsterreih)やエストニア(Estonia,古代Estlandija)は文字通り「東の国」という意味である。西を意味する英語の "west" やフランス語の "ouest"，あるいは英語の "evening" の語源はエルブと言われている。

【話題3】 地球の一周は4万キロメートル

　地球の一周は，正確には子午線(南北)の全周が40,008.006km，赤道の全周が40,075.161kmであるが，およそ40,000kmと切りがよい。それもそのはずで地球の一周は40,000kmとして1mの長さを決めたからで，その逆ではないのである。15世紀に大航海時代が始まり，18世紀になると世界の往来が盛んになり，それに国家の統一がなされると度量衡の単位が地域や国によって異なるのは都合が悪く，世界的に統一する必要性が迫られた。そこで，フランス議会は長さの単位を「パリを通る子午線の赤道から北極までの1,000万分の1をもって1mとする」とすることを1793年に決め，そしてメートル法が1795年に制定された。測量はパリのすぐ東を通る同じ子午線上にあるフランス北部のダンケルクとスペイン北部のバルセロナ間で行われ，その2点間の距離（d）と角度（θ）から子午線の距離が求められた。測量は折しもフランス革命の動乱と戦争が起きていたので生死をかけた難事業であった。

　子午線が選ばれた理由は永久不変で万国共通のものという考えに基づいている。「メートル」という言葉は「計器」とか「計(はか)る」という意味をもつギリシャ語の "metron" またはラテン語の "metrum" からきている。ところで，1mの定義は1983年から「真空中で光が2億9,979万2,458分の1秒間に進む距離」ということに変わった。新しい定義は無味乾燥的であり，実感として湧かないところがある。

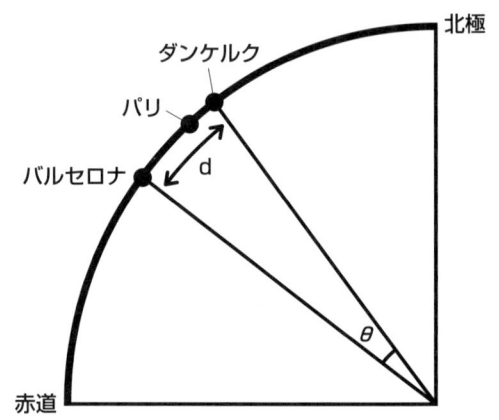

1
日本列島の成立

紀伊半島大台ヶ原より（大矢画）

第1章　日本列島の成立

　日本の国土の約70%以上は山地が占めている。中部山岳地帯の3,000m級の峰々を海底から見上げることができたなら，それはヒマラヤ山脈に勝るとも劣らない山脈に見えるだろう。これらの山々は第四紀の初め，200〜250万年前にはおよそ1,000mの高さしかなかった。第四紀の間に実に1,500m以上も隆起し（国立防災科学，1969），現在も隆起運動は継続している。一方平野部では沈降運動が続いており，これらの運動量は1年間に1〜数mm程度である。

　日本の姿が現在の形に近づいたのは，地質年代でいえばごく最近，完新世（B.P. 1万年）以降のことである。このような地殻運動は各地によってさまざまであり，日本の複雑な地形をかたちづくっている。 ＊1

＊1　B.P.とはBefore Physicsの略で1950年を0年としてそれより前何年かを示すものでBefore Presentと思ってよい。

1　日本列島の構造

1-1　日本列島と日本海の誕生

　およそ7000万年前の中生代には，日本海も日本列島も誕生していなかった。アジア大陸と太平洋プレートの境界の海溝では，プレートの沈み込みにともないプレート上の堆積物や地殻と上部マントルの一部が剥がされて陸側に付着し，帯状の地質構造を形成した。このような構造を地質学では付加帯といい，日本列島の土台となった。およそ2500万年前，アジア大陸の東縁の一部が分裂を始めた。割れ目（地溝）の底で活発な火山活動が起こった。多量の玄武岩熔岩が貫入して，地溝が拡大し日本海を形成した。分裂した大陸の一部は，拡大する日本海によって大陸から切り離された。東北日本となる陸塊は，細切れになりながら反時計回りに25度回転し，西南日本となる陸塊は時計回りに45度回転しながら移動した。およそ1400万年前，この回転運動と日本海の拡大はほぼ終焉したが，およそ500万年前には東北日本弧と西南日本弧は現代と変わらない位置で衝突した。この衝突境界部がフォッサマグナである。同じ頃，北海道では胴体部と渡島半島部が衝突し，現在の形に近づいた。この衝突部分が隆起し，日高山脈となった。

　能登半島から飛騨山地，山陰から隠岐島，北上・阿武隈山地などは古い大陸塊の断片である。海底火山の噴出物が隆起した緑色凝灰岩（グリーンタフ）地域や，

諏訪湖　断層湖で中央構造線の出発口（大矢1988年8月撮影）

吉野川　中央構造線に沿って流れ直線状を呈する南岸（外帯）と北岸（内帯）の地形に著しい差がある（大矢1994年撮影）

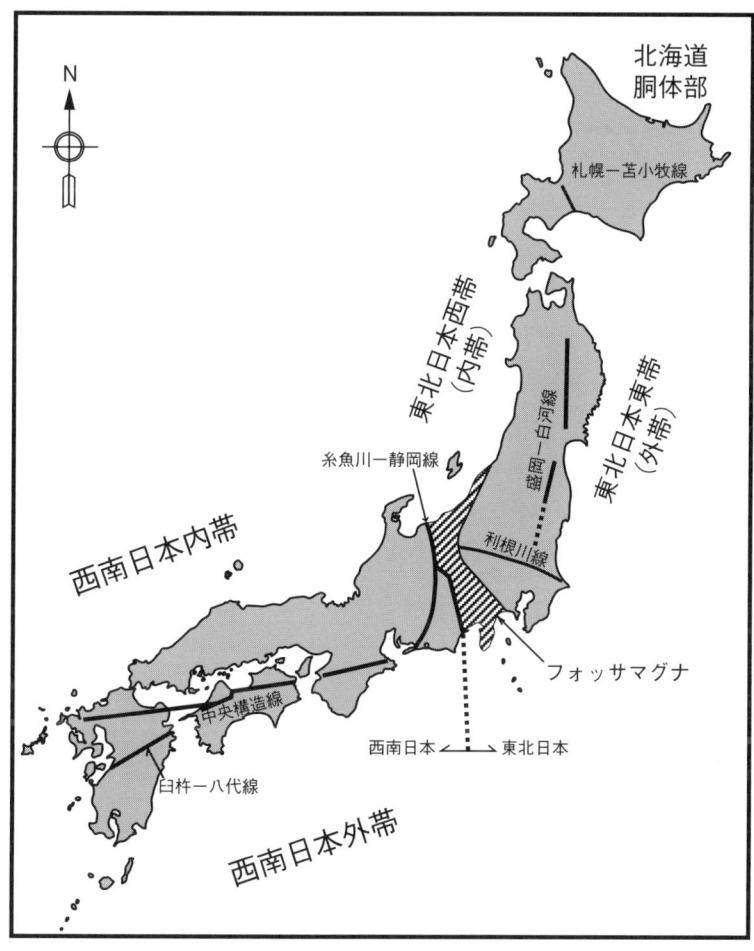

図1-1　日本の構造線

火山活動による新しい堆積物など，日本列島の地質はモザイクのように複雑に組み合わさっている。

1-2　日本列島の構造の特色

　日本列島にはフォッサマグナとよばれる大断裂帯が本州の中央に存在する。このフォッサマグナの命名者は明治8年に来日した地質学教師，ナウマン(Naumann)である。彼は馬車で上越国境を越えた際，南北に連なる大陥没帯を見て感激した。彼は将来この発見が，日本の地質，地形学上重要な意味を持つであろうことを予見し，地域名を冠さず「大断裂帯（Fossa Maguna)」と命名した。

　第三紀のフォッサマグナ地帯は海底にあり，活発な海底火山がグリーンタフ（緑色凝灰岩）を大量に噴出した。その後，隆起に転じ，富士山をはじめ，八ヶ岳や妙高山など，現在でも活発な火山活動が多く見られる。

　このフォッサマグナの西縁は明瞭で，西側の3,000mを超える日本アルプスと糸魚川―静岡線とよばれる構造線で区切られている。日本海に注ぐ姫川の河口（糸魚川）から仁科三湖，松本，さらにJR中央線に沿って南東に走り，韮崎付近から早川，安倍川沿いに静岡へ至る。東側の境界は不明瞭で，上越，関東山地といわれているが，諸説がありはっきりしていない。このフォッサマグナによって，本州は西南日本と東北日本に二分される。

　西南日本はさらに東西に走る中央構造線によって区切られる。その日本海側を内帯，太平洋側を外帯という。この中央構造線は諏訪湖付近から天竜川の東を通り豊川へ抜け，渥美湾，伊勢湾を横断し，紀伊半島の櫛田川から紀ノ川，淡路島の南をかすめ，四国の吉野川，重信川を通る。九州では九州山地の北側，臼杵と八代を結ぶ線を通る大構造線である（図1-1）。

　また，最近では中央構造線の南側に平行に走る仏像―糸川線を重視し，その南側を四万十区，以北の西南日本と東北日本を併せて本州区とし，北海道中央部を日高区，以東を千島区とする新しい区分も提唱されている。

1-3　西南日本外帯の特色

　一般的に外帯は造陸的な地殻運動を，内帯は造山的な地殻運動を続けている。外帯の四国の南部や紀伊半島では全体がドーム状に盛り上がる，曲隆とよばれる地殻変動を続けている。大陸の造陸運動よりも波長がやや短く，全く同じ運動とは言い難いが，西南日本内帯や東北日本に比べると比較的大陸のそれに近い。今，紀伊半島に巨大な風呂敷をかぶせたとしよう。そのシルエットは河川に侵食される以前の原地形を見ていることになる。これを地図上で表現したものを切峯面図という。紀伊半島や四国をこの切峯面図で表すと，中央構造線以南はお椀を伏せたようなドーム状で，中央構造線付近がもっとも高く，周辺に向かうほど，高度も低くなることがわかる（図1-2）。

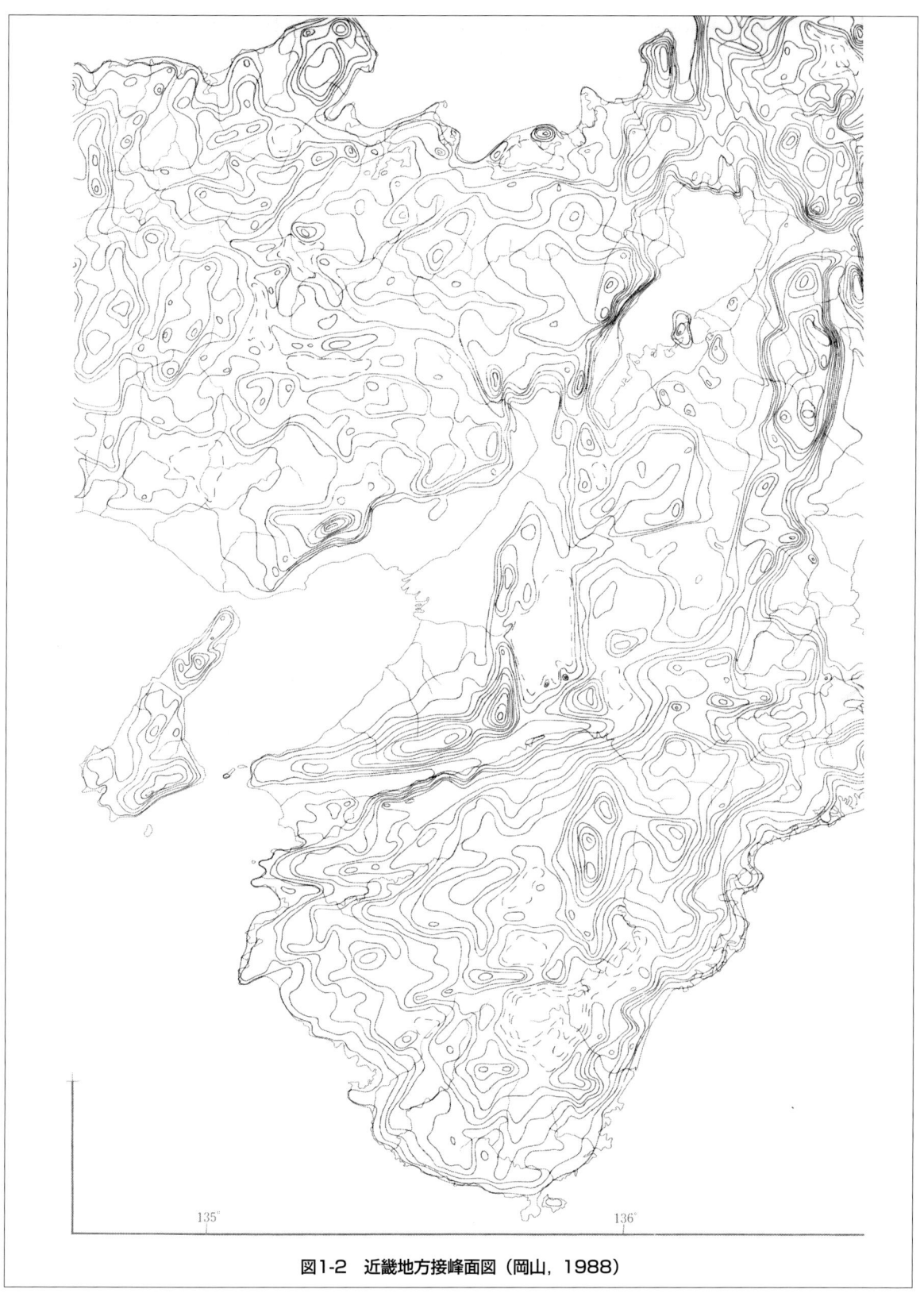

図1-2　近畿地方接峰面図（岡山, 1988）

外帯の地質構造は，比較的単純である。南から北へ第三紀層，中生層，古生層と並んでいて，北へいくほど古くなる。中央構造線に沿ってもっとも古い結晶片岩が東西方向に横たわっている。河川は四万十川，新宮川など流域面積が大きなものが多い。横断面は深い峡谷をなしているが，縦断面はきわめて緩やかで，山奥の山頂付近ではじめて急傾斜となる。途中遷急点がほとんどないのも特徴である。また，河川の規模の割に高知，宮崎平野以外に大きな平野は発達していない。

　人文地理的には，外帯の山地は交通も不便な所で人口も少なく，開発が進んでいない地域が多い。

1-4　西南日本内帯の特色

　一方，内帯は多くの山地，盆地，平野が存在し，その地殻運動は複雑である。断層による地塊山地をなし，高度分布もやや不規則となっている。一例として近畿地方をみてみよう。大阪湾から伊勢湾へ横断面をとってみると，大阪平野，上町台地，河内平野，生駒山脈，奈良盆地，笠置山地，伊賀上野盆地，鈴鹿山脈，伊勢平野といった具合である。一般的に台地と山地は隆起地帯，盆地と平野は沈降地帯で，両者の境は断層の急崖で区切られている場合が多い。しかし，伊賀上野盆地は盆地と周辺山地ともに隆起している例で，山地の隆起量のほうが大きいため，結果として盆地となっている。地質構造も複雑で，古生層や花崗岩が入り交じって分布している。

　河川は山地，盆地をぬって流れている。山地の部分は峡谷となり，急流で岩石を侵食する。遷急点を経て盆地へ出ると，河川勾配が緩やかになるため，流速を減じ，堆積作用が卓越する。盆地，峡谷を繰り返し流れ，やがて平野に至る。このような組み合わせは内帯の特色で，ほぼ全域でみられる。たとえば京都の桂川は亀岡盆地，保津峡，京都盆地を流下する。

　平野が多いので古くから都市が開け，農工商業の盛んな地域である。

1-5　東北日本の特色

　東帯の切峰面図では，北上・阿武隈両山地とも北側は凸状を，南側は凹状を呈した隆起準平原ないし隆起した老年山地が広くみられる。一方，西帯では南北二列の山地が並ぶ。この山列に直交する形で5つ以上の隆起帯と陥没帯が交わっており，多くの盆地がある。さらに火山列も加わり，複雑な様相を呈する。

　北海道では札幌－苫小牧線を境に，東側は比較的なだらかな山地や谷形である。これは前述の地殻運動そのものが緩やかであったことと，周氷河作用による。

　東北日本の地形は白河―盛岡線または北上―阿武隈線とよばれる構造線により，阿武隈，北上山地以東の東帯（外帯）と，西側の西帯（内帯）に分けられる。白河―盛岡線を挟んだ両側の地域のもっとも著しい地形の差は火山にみられる。東側の北上，阿武隈山地には火山がまったくない。それに対し西側には，岩手，

日本の清流の代表 四万十川（大矢1984年11月撮影）

瀬戸大橋 瀬戸内海は内帯で断層線に囲まれた島が多い（大矢2000年9月撮影）

祖谷（いや）谷 吉野川の上流で平家の落ち武者などが逃げ込んだと言われる 道路から川まで600mのところもある（大矢1982年4月撮影）

祖谷川沿い 外帯は地すべりが多くその防止工事で地下水は流出できる（大矢1982年4月撮影）

磐梯山等，数多くの火山がきれいに弧状に並ぶ。

東側の北上，阿武隈山地では侵食がかなり進み，緩斜面が山中に広がっている。地質は花崗岩や古生層など，古い時代の岩石が多い。これらの山地を流れる河川は太平洋に注ぐ。平坦地は海岸段丘を除きあまりみられず，大きな平野もない。阿武隈川など，阿武隈山地を流れる河川は著しい穿入蛇行をしており，西南日本外帯の河川とよく似ている。

一方，西側の地域は断層運動によっていくつかの地塊に分かれている。白神山地，大平山地や，鳥海山，月山などの火山群の間に，津軽平野，庄内平野，会津盆地など，多くの盆地，平野が開けている。地質は第三紀〜第四紀の新しい岩石が多い。河川はこれらの盆地と峡谷を繰り返し貫いて流れる。その河床縦断面は峡谷で急に，盆地で緩やかになる。これは西南日本内帯の河川とよく似ている。しかし，縦断勾配は東北日本の河川のほうが，西南日本の河川より緩やかで，河原の礫の粒径も小さい。河川地形からみる限り，白河—盛岡線以東は東北日本外帯，以西は東北日本内帯といってもよいと筆者は考えている。

白河—盛岡線は盛岡よりさらに北に伸び，津軽海峡を渡り，北海道の札幌—苫小牧線につながっている。この線の西側は，東北日本の日本海側部分の延長と目されている。駒ケ岳，有珠山などの火山と，大沼，洞爺湖など，火山活動に関係を持つ湖沼が多く，全体的に細かい地塊に分かれている。

それに対し，札幌—苫小牧線以東は北海道胴体部とよばれる。造山帯の中ではあるが，やや安定陸塊的な緩慢な地殻運動をしている。さらに，氷期には周氷河地域であったため，著しい岩石の物理的風化がみられる。山体はなだらかとなり，谷は埋められ幅広くなっている。また，千島列島から羅臼岳など千島火山帯が続き，摩周湖，阿寒湖などの火山関係の湖沼群も多い。

河川もこの地殻運動，周氷河作用，寒冷気候の影響を受けている。道内最大の石狩川を例にみると，層雲峡の峡谷部から上川盆地の間は広い谷底平野を流下する。神居古潭の峡谷を経て，広大な石狩平野に流れ出る。石狩平野下流部には泥炭地が発達している。また，オホーツク海に注ぐ網走川や常呂川沿岸には，泥炭とともに重粘土も発達している。

1-6　関東構造盆地運動

日本最大の平野である関東平野とその周辺の地形について，地殻運動からみてみよう。関東地方の地形は大まかに山地，丘陵地，台地，沖積平野の地形の組み合わせからなる。

関東平野の北には阿武隈山地，足尾山地，西に関東山地があり，南には前者ほど高度はないが，三浦半島，房総半島の丘陵性山地がある。また，北と西の山地の足下にも多摩丘陵などが，それぞれ接している。

さらに一段低く，台地が発達している。台地の表面は広い平坦面で，火山灰に

北海道中央の大雪山火山群中の最高峰旭岳（大矢1986年8月撮影）

大沼公園　函館の少し北にあり駒ヶ岳の泥流丘で多くの島ができている景勝地（大矢1981年6月撮影）

阿武隈峡谷　福島盆地より下流で阿武隈山脈を横切る（大矢2002年9月撮影）

蔵王火山のお釜　付近の堆積物中より縄文の遺物が出土しており噴火の時期がおおよそわかる（大矢1970年7月撮影）

覆われている。武蔵野，相模野，下総台地など関東各地で多数見受けられる。武蔵野台地の周辺にはさらに低く，火山灰に覆われていない台地も存在する。

　台地の足下には沖積平野が発達する。とくに利根川，江戸川，中川，荒川の下流域には，広い平野が発達し，いわゆる東京低地をなしている。

　このように関東平野はぐるっと平野を囲むように山地が存在し，周辺部が高く，中央へ向かっていくほど低くなる配列をみせている。平野というより，関東盆地とよぶほうが相応しい形状をしている。このような地形は周辺部が隆起し，中央の平野部が沈降してできたもので，構造盆地という。この地殻運動を指して，関東構造盆地運動とよぶ。

　関東平野の地下の横断面をみてみよう（図1-3）。周辺の山地を構成する岩石と同じ年代の地層が，平野の中心部では地下2,600m以上に存在している。その上部は平野を流れる利根川や荒川の運搬した砂礫に埋積されている。関東平野では第四紀の間に1,000m以上沈下している。この沈下を続ける盆地床に，河川が運ぶ砂礫の供給があってこそ，関東平野は現在も平野の姿を保ち続けている。

＊2

＊2　関東平野の砂礫の厚さを最初に調査したのが千葉県公害研究所地盤沈下研究室で，その時のボーリングの値である。現在ではこれより深いことが多くのボーリングで確認されている。

　この地殻運動は現在も継続している。1923年の関東大震災の際には房総半島南端で1.91m，三浦半島南端で1.32mの隆起がみられた。しかし，北へいくにしたがって隆起量は減り，盆地床にあたる幸手や栗橋付近では－0.48m沈降している。それよりさらに北，小山から宇都宮にかけてでは，0.02mと再び隆起に転じたのである（多田1964）。

2　第四紀

　地球の歴史は46億年といわれている。その間には自然環境の変化にともない，多くの生物が興亡を繰り返した。古生代以降，生物は多様性を示してくる。石炭紀には植物が陸上に大繁殖し，今日の石炭のもととなった。古生代に続く中生代では，巨大爬虫類が現れた。続く新生代は哺乳類の時代といわれている（表1-1）。

　新生代は第三紀と第四紀に分かれ，さらに第三紀は古第三紀，新第三紀に分けられる。人類の祖先がアフリカに現れたのは，新第三紀の最後，鮮新世である。そして第四紀に人類は地球上各地に散っていった。

　第四紀は諸説があるが，本書では250万年以降とする（表1-2）。250万年という長さは人間にとっては実感しがたいが，地球の歴史からみるとほんの一瞬に過ぎない。仮に地球の歴史を1年のカレンダーに例えるならば，第四紀は12月31日の午後8時から12時までのわずか4時間，この間に人類を取り巻く気候や地形は激変し，現在私達が目にする自然環境が造られたのである。

＊3

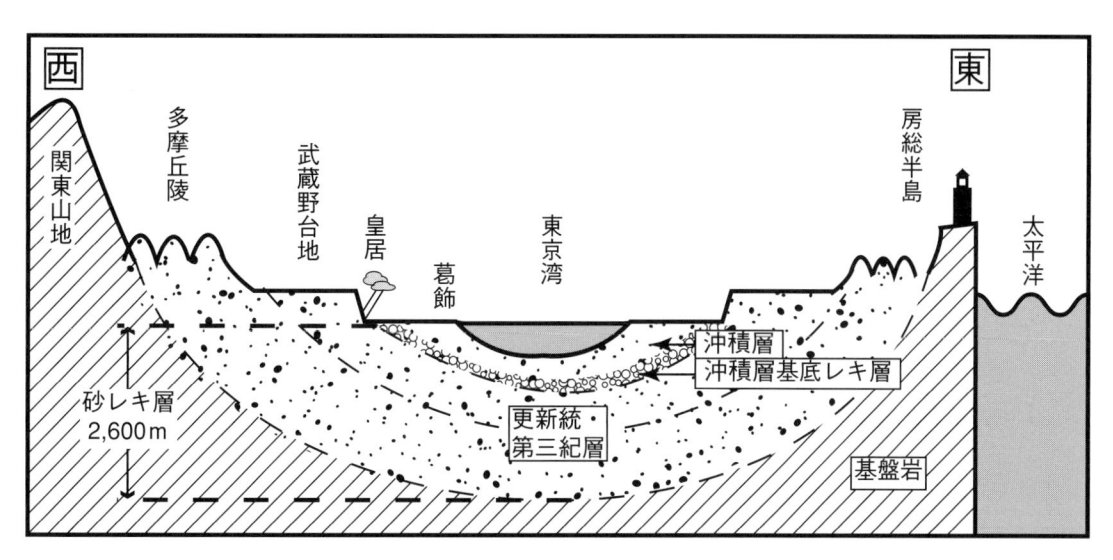

図1-3 関東平野地下模式断面図

表1-1 地質年代表（理科年表2002年による）

地質年代				絶対年代(百万年前)
代	紀		世	
顕生代	新生代	第四紀	完新(沖積)世	0
				0.01
			更新(洪積)世	1.65
		第三紀	新第三紀	鮮新世	5.3
				中新世	23.5
			古第三紀	漸新世	34
				始新世	53
				暁新世	65
	中生代	白亜紀	後期	96
			前期	135
		ジュラ紀	後期	154
			中期	180
			前期	205
		三畳紀	後期	230
			中期	240
			前期	245
	古生代	二畳紀		295
		石炭紀	後期	325
			前期	360
		デボン紀		410
		シルル紀		435
		オルドビス紀		500
		カンブリア紀		540
先カンブリア時代				540以前

＊3　研究者や基準により165万年前から250万年前と幅がある。250万年はベルギーのDe Moor and I Heyse（1978）による。

2-1　第四紀の気候変動

　第三紀は比較的温暖な環境だったといわれている。それに対し，第四紀の気候は氷期，間氷期を繰り返している。ギュンツ，ミンデル，リス，ヴュルム（北米ではネブラスカ，カンサス，イリノイ，ウィスコンシン）などの氷期には氷河が拡大し，ヨーロッパやカナダなどの高緯度地方が氷床に覆われた。氷期と氷期の間は間氷期とよばれ，相対的に暖かな時代であった。現代は最終氷期が終わった後の，後氷期に位置付けられる。

2-1-1　氷河の作用

　雪が積もったまま長い時間が経つと，雪は氷に変化する。そしてこの氷はあたかも川のように，高所から低所へとゆっくりと動き出す。これを氷河とよぶ。南極大陸やグリーンランドでは現在も大陸のほとんどが厚い氷に覆われている。このようなものは大陸氷床とよばれている（底面積が5万km^2以上）。

　山地の場合，氷河は川による侵食でつくられ，もともと存在した谷に発達することが多い。これを谷氷河という。「氷の河」というと，いかにも音を立てて流れているように感じるが，実際の速さは年間10m〜1kmほどである。現在日本には氷河がないので馴染みが薄いが，ヨーロッパアルプスや北米のロッキー山脈やヒマラヤ山脈など，世界の高山には山岳氷河が発達しているし，キリマンジャロ山（5,895m）など，熱帯の高山にも小規模なものが存在している。

　氷河は地盤をえぐり，多量の礫を運び，堆積させ，各種の氷河地形をつくる。氷河によって削られた独特の地形を氷食地形という。山地の例では，三方から氷河の侵食を受けると稜線を削られ，三角錐型の切り立った山となる。アルプスではホルン（horn）とよばれ，マッターホルンに代表される。氷河がつくる谷は広い谷底と急な谷壁を持つ。日本で一般的な河川の流水に削られた谷はV字谷というが，氷河が削った谷は，その横断形からU字谷とよばれる。大規模な谷氷河が海に押し出されると，谷氷河はそのまま海底を侵食する。このようにしてできたU字谷に，海水が浸入した湾をフィヨルド（峡湾:Fjord）といい，水深1,000mを超す場合もある。ノルウェーやアラスカ，チリ海岸など，大陸氷床が過去発達した場所に発達する。また，大陸氷床が所によって深く抉った部分は水が溜まり，氷河湖となっている。

　一方，氷河には侵食作用だけでなく堆積作用もある。氷河が成長するに従い，含包された礫は遠くまで運搬されるが，氷河が衰退するとそれらの礫はその場に取り残され，氷河は消えてしまう。このように氷河によって運搬された堆積物をティル（till）とよぶ。氷河の先端に堆積したものをモレーン（Moraine）といい，ティルが流線型の小丘をかたちづくるとドラムリンとよばれる。また，氷河の底

フィンランドのエスカー　氷河は地面と接するところに細長い空洞ができ水が砂礫を堆積しながら流れる。氷河がとけたあと長い丘が連なる（大矢1977年9月撮影）

アウトウオッシュプレーン（ポーランド）氷河の運搬物質でできており砂礫が乱雑に堆積している（大矢1987年5月撮影）

カナダのバンフ国立公園の氷河湖（大矢1972年8月撮影）

氷食谷　氷河はU字谷をつくりスイスでは人々の大切な生活空間となっている（大矢1991年9月撮影）

と接する地盤では温度が上がり，氷の中のトンネルを河のように流水が流れる場合がある。このトンネル状の部分に礫が堆積し，氷河が消え去った後残った礫の高まりをエスカーという。大きなものでは数kmにも及ぶが，高さは数十mからせいぜい数百m以下である。エスカーはフィンランドに多く見られ，両側は湖が広がっている。村人はエスカーの森にサウナ小屋をつくり，サウナで温まって湖で泳ぐという寒冷地の生活の知恵を生み出している。

　日本においてはこのように顕著な氷河地形は見られないが，氷期には日本アルプスや日高山脈など，高山の一部に山岳氷河が存在した。現在の景観からその痕跡をたどってみよう。北アルプスの穂高岳（3,190m）の山頂部東側には圏谷（カールKar）が見られる。カールとは，谷氷河や氷河より規模の小さな氷体の谷頭部などで，山の斜面の一部が茶碗を縦半分に割ったような形に削り取られたものを，ドイツ語でカールという。英・仏語では円形劇場に由来して，サーク（Cirque）とよばれる。周囲の壁は急だが，底は平坦であり，夏にはサマースキーで賑わう。このカール底は標高およそ2,300mで，小さな湖があり，東端には氷堆石の小さな丘がある。この湖の水はこのモレーンの下を通り，流れ始め，涸沢さらに横尾谷へと流下する。そして梓川本流と合流し，上高地に流れ下る。横尾谷の途中には屏風岩（氷壁）とよばれる急斜面がある。太陽に照らされ，白色に輝くさまが大変美しいこの谷は，U字谷の名残と考えられている。

2-1-2　氷河性海面変動

　過去，海水面の水準は常に一定だったわけではなく，現在まで上昇下降を繰り返している。海水面変動を起こす要因はいろいろあるが，最大規模のものは氷河の消長に関係する氷河性海面変動（Glacial Eustasy）である。氷河は海水によって涵養されるので，氷河の消長に対応して海水面変動が起こる。すなわち，寒冷期に氷床・氷河が大規模に拡大すると海面が低下し，温暖期に氷床が縮小すると海面が上昇する。

　最終氷期には海面が100m以上も低下した。間氷期には海面が相対的に上昇し，低地の部分は海底となった。このような変動は当然，人類の活動に密接な関わりを持っている。

　現在，地球上に存在する最大の氷河は南極氷床である。南極大陸は面積約1,398.5万km^2，日本の約37倍の大きさで，地球上の氷に覆われた地域およそ90%を占めている。氷の厚さは平均2,160mと考えられていて，もっとも厚い地点で4,776mという調査結果がある（国立極地研究所HPより）。また，北極地方にはグリーンランド氷床がある。面積が約180万km^2，平均氷厚が1,500m，最大氷厚が3,200mとされている。これらの氷床は年間数m〜十数m，速いものでは100mの速さで海へ押し流され，氷山となる。

（1）　海面上昇の証拠─海岸段丘

　これらの氷床が融けた場合，計算上では海面は平均約80m上昇するとされる。

尻屋崎の海岸段丘　高さ約10m（大矢1982年10月撮影）　ポルトガルのサンルカ岬の海岸段丘　ヨーロッパの最西端にありマゼランが出発したところ（大矢1998年8月撮影）

表1-2　第四紀年表

地質年代		絶対年代(万年前)	氷期時代区分		海面(m)	日本時代
			ヨーロッパ	日本		
第四紀	完新(沖積)世	0	後氷期		0	
		0.2			−3	弥生時代
		0.4				
		0.6			+2〜6	縄文時代
		0.8				
		1.0			−40	
	更新(洪積)世	1.2	ヴュルム Würm	飛騨II期 飛騨I期	−140	
		1.4				
		1.6				
		1.8				
		2.0			−100	
		4				
		6				
		8				
		10	リス−ヴュルム間氷期		+5〜8	
		12				
		14	リス Riss		−100	
		16				
		18				
		20				
		22	ミンデル−リス間氷期			
		24				
		26	ミンデル Mindel		−100	
		28				
		30				
		80	ギュンツ−ミンデル間氷期			
		90	ギュンツ Günz			
		250				

ヨーロッパはG.De Moor, I.Heyse(1978)

しかし，過去実際に起きた海水面変動は地球上どの地域でも一様に変化したわけではなく，各地での値は異なっている。第四紀における氷河性海面変動がどのくらいだったのかを見積もるのに，次のような方法がある。一つは過去の氷河の広がりを調べ，それが融けた場合を上記のように計算して推定する方法，もう一つは氷期や間氷期に造られた海岸付近や海底の地形から海水面の高さを推測する方法である。

　日本の場合，海岸段丘の発達からこの海水面変動が論じられている。日本の海岸では現在の海面から10m以上の高さのある，平坦な段丘面がとくに東北や北海道でよくみられる。西日本でも足摺岬，室戸岬，潮岬などにみられる。これらの段丘は所によって数段あり，その標高は20m，30m，60mといった高さにある。これらの段丘は火山灰に覆われていて，その下に礫層をともなっていることが多い。この礫を観察してみると，川原で見るゴロゴロした礫とは違い，大福餅をさらに押し潰したような偏平な形をしている。このような形の礫は現在でも海岸で見られる。つまり，この段丘は川の作用ではなく，海の作用でできた段丘といえる。しかし，日本の場合，大地震による地殻変動が有り得る。段丘面が形成された後，隆起した可能性を考慮しなくてはならない。

　一方，世界に目を向けると，イタリア周辺の地中海中部の海岸段丘では，シチリアン（Sicilian）80〜100m，ミラジアン（Milazzian）55〜60m，チレニアン（Tyrrhenian）30〜35m，モナストリアン（Monastrian）15〜20mと6〜8mの高さの段丘がある。シシリー島，マルタ島，サルディニア島などの地中海の島々は海岸段丘に周囲を囲まれている。このうち高位の段丘には若干の疑問が残るが，チレニアン，モナストリアン段丘に関しては，ほぼ同じ高さの段丘が米大陸東岸，インドなど世界各地に分布している。そしてこれらの段丘を構成する地層からは，現在よりも暖かい海に住む生物化石が発見されている。以上のことから，これらの段丘は間氷期に形成されたと考えられている。

(2) 海面低下の証拠—海底谷

　マレー半島と東インド諸島に囲まれたスンダ陸棚（Sunda Shelf）は非常に浅い海で，平均30mくらいしか水深がない。このため，マラッカ海峡を大型タンカーが通過することは困難であった。ところがシンガポールとマレー半島の間のジョホール水道は水深が深いので，イギリス統治時代軍港として栄え，アジア進出の前進基地となった。この水道はかつて陸地だったときの川筋だったと考えられる。スンダ陸棚の海底には同様の深い谷筋が数条見受けられ，これらの河谷の痕は－100mまで追跡できる。この谷を陸上側に追跡していくと，現在スマトラやボルネオ島の陸地を流れている川の河口につながっている。この両島に同じ種類の淡水魚（Gaboe:木登り魚の一種）が生息しているのも，かつて同一水系であったものが，海面上昇によって分断されたことを示すものであろう（湊，1954）。

　河の痕跡を示す海底谷は世界各地で見られる。英国海峡にはドーヴァーなど港がいくつかあるが，本来浅い海で良港には恵まれていない。しかし，やや離れた

アラスカ南部の峡湾　氷河が侵食してできた凹地に海水が侵入したものを峡湾（フィヨルド Fiord）とよぶ（大矢1992年7月撮影）

アラスカのメンデンホール氷河の舌端（大矢1992年7月撮影）

ポーランドのシュープリチェンスキー教授がスウェーデンよりバルト海を隔ててポーランドに分布する花崗岩を持っている。教授の肩より上がヴュルム氷期　下方がリス氷期の堆積物（大矢1987年5月撮影）

トロントタワーからみたオンタリオ湖　アメリカ・カナダにわたる五大湖も氷河湖の一つである（大矢1992年8月撮影）

サザンプトンはクイーンメリー，クイーンエリザベスⅡ号など8万トン級豪華客船や今度完成した世界最大の10万トンをこえる客船の母港であるし，ポーツマスは軍港となっている。これらの港がそれを可能にしているのは，英国本土とワイト島間に氷期にソレント川が流れていたからである。サザンプトンはその支谷に位置している。

朝鮮半島では洛東江の河口に数条の海底谷が認められる。そのうち一つは−23m以下にあるが，他は0〜−23mの間に分布している。これらの海底谷はヴュルム氷期には陸上を流れ，当時の河口は現在よりかなり南方にあったと推定されるのである。(大矢，1971，1979)

韓国と中国が面する黄海も浅い海だが，以前この海で，底曳漁船の網に象牙がかかったことがある。「昔，象牙を運搬していた船が難破したのだ」という意見もあったが，何のことはない，ここはかつて象が闊歩する陸地だったのである。

現在の揚子江の下流には，南京から上海にかけてデルタが発達しているが，その沖合には沈水デルタが見られる。そしてさらにその東側に巨大な水中デルタが発達している。これが氷期の低海面に対応するデルタ地形で，中国の研究ではほぼ1万2千年前に形成されたと考えられている。

瀬戸内海も最終氷期には完全に陸化した。そこには塩飽諸島から真西に伸びる河谷が発達し，瀬戸内海西水系と名付けられた。一方，播磨灘から明石海峡を経て大阪湾に至るものは瀬戸内海東水系とよばれる。古淀川と合流し，紀淡海峡を通り，紀ノ川と四国側から流下してきた古吉野川を合わせ，紀伊水道南端で太平洋に注ぐ，大河川であった。また，豊後水道へ向かう流れは瀬戸内海南水系とよばれる(桑代，1972)。

このような沈水谷の上流部は新しい土砂に埋積されて，沖積平野の下に隠されている場合も多い。東京低地や川崎付近の沖積層下には海面下60mに達する谷が埋められていることが地質断面図からわかっている。この谷の形成年代はヴュルム氷期とされている。同様の埋積谷は筑紫平野など，日本の多くの沖積平野で認められている。

この他，低海水準期に対応する証拠としては，魚津の海底埋没林が挙げられる。1930年魚津漁港の改修工事中，汀線付近から多数の杉の樹根が発見された。その後の調査により，さらに深いところからも見つかっている。これらの樹根は河川の運搬してきた礫に囲まれており，かつて陸上に生育したものであることが判明した。現在の説では，弥生時代の海水準低下期に育まれたものとされている。同様の海底埋没林は，神通川沖や，海外では北海でも発見されている。

このように，海水準変動は地形に残る痕跡からも推定される。その変化の速度はとくに2万〜8千年前の海面上昇期で速く，平均1cm/年に近いとされている。海面上昇にともなう海岸線の内陸への移動は，地表面の勾配によってもちろん異なるが，世界の大陸棚の平均勾配0.19/1000の場合，この1cm/年という値を用いると，1年に50mの速さで海岸線が後退することになる(貝塚，1969)。私た

ちの多くが住む平野は,海水準変動と密接に係わっていることは言うまでもない。

2-2 第四紀の地形

2-2-1 山地の種類

山地は大きく分けて,火山と非火山性の山地がある。火山は下巻で扱うので,ここでは非火山性の山地について述べる。

非火山性山地は地殻変動によってつくられる。その地殻変動の性質によって異なった山形を呈する。地盤の隆起にともなう断層運動によって形成された山を断層(地累)山地,地盤の褶曲によって形成された山を褶曲山地という。しかし,実際の山地はこれらの組み合わせが多い。また,四国や紀伊半島の山地は前節で述べたように,曲隆山地に分類される。

2-2-2 山と谷の発達段階

山地は褶曲や断層をともなう土地の隆起によって形成される。しかし,雨や流水により侵食されるので,隆起量が侵食量を上回る場合に限られる。

デービスは地形を次のステージに分けて考えた。

a) 幼年期

今,仮に侵食基準面に準ずる平坦な地形面があったと仮定しよう。地盤が隆起するか,海水準が下がって侵食基準面が低下すると,そこを流れる河川は平坦面を侵食し始める。谷の形はV字型を呈し,谷幅は狭く,深く,河川勾配は急であり,いたるところに遷急点がある。川の侵食作用は活発で下刻作用が著しいため,谷壁は急角度となり,谷底平野は形成されていない。山頂部にはまだ侵食が及ばず平坦面が取り残されている。このような地形を幼年期の山,幼年期の谷という。

b) 壮年期

幼年期からさらに侵食が進むと,山頂の平坦面は侵食され,鋭い峰や山稜となる。谷底との高度差が大きく,壮大な山容を呈する。河川は下刻から側刻作用に移行し,蛇行をし始め,谷底平野が形成される。河川の勾配は上流から下流までスムースな凹曲線を呈する。このような段階を壮年期の山,壮年期の谷とよぶ。飛騨山脈と黒部峡谷はその好例である。

c) 老年期

さらに侵食が続くと,壮年期の山は侵食され高度を減じ,傾斜も緩くなる。河川縦断面も緩やかになり,堆積作用が卓越する。河川は側方侵食を続け,谷形は浅くなり,広い氾濫平野を形成する。この平野は蛇行帯より幅が広く,なだらかで,いたるところに蛇行の痕跡や三日月湖が散在する。このような段階を老年期の山,老年期の谷とよぶ。

幼年期,壮年期,老年期は発達段階により,さらにそれぞれ早,満,晩の三期に細分される。

d) 準平原

さらに時間が経過すると，この面全体がほとんど侵食され，起伏の小さい，きわめてなだらかな地形となるが，侵食基準面より低く侵食されることはない。このような地盤からなる地形を準平原とよぶ。また，地盤が隆起するか海水準が低下して，高位に位置する準平原を隆起準平原とよび，再び侵食が始まる。これを地形の輪廻という。

この考え方は仮想上のもので，実際の地形がこのように順を追って発達するとは限らない。

2-2-3 台地

台地とは表面が平坦で，周囲を崖か急斜面に囲まれている台状の地形を指す。日本のように地殻運動の激しい地域では，安定陸塊における台地とは成因が異なり，更新世（洪積世）末期に形成された平野が，地盤の隆起もしくは海面の低下により台地となったものが大部分を占める。その地質は日本では主に河成の砂礫層または浅海性のシルト，粘土質層からなり，火山灰に被覆されているのが多い。これらは洪積統に属するので，洪積台地ともよばれる。安定陸塊の台地は，中生代や古生代の砂岩，頁岩，石灰岩などからなる。

日本の台地には河岸段丘，海岸段丘，火山性台地などがある。扇状地や三角州が隆起して台地状となる場合もある。更新世（洪積世）の日本では火山活動が活発で，これらの台地には火山灰層が多く含まれている。これらの火山灰は年代が測定され，各地に散らばる段丘の形成時期の推定や同定に役立っている。

2-2-4 河岸段丘

河岸段丘は地殻変動の激しい日本の河川の中，上流によく見られる。山地を流れる河川が平衡に達すると，側方侵食を行い谷底平野が形成される。その後地盤が隆起するか，海面が低下し，侵食が復活すると河川は谷底平野を掘り下げ，谷中谷がつくられる。かつての谷底平野の平らな面を段丘面，谷の崖の部分を段丘崖といい，併せて河岸段丘という。地盤，もしくは海面の変動期と安定期は崖の形成期と谷底平野面の形成期に相当する。これらが交互に繰り返すと，河川の流れに沿って何段もの河岸段丘が形成され，時代の古いものほど高位に位置する。

日本の山間地では，河岸段丘の段丘面は生活に重要な平坦地である。畑や集落が立地し，水利のある場所では棚田もみられる。交通路もここに位置する。段丘崖は竹林など，林に覆われている場合が多い（図1-4）。天竜川の伊那谷，信濃川の長野盆地から十日町にかけては見事な河岸段丘が何段も発達している。

2-2-5 海岸段丘

山地や台地などの基盤岩が海に接している場合，2，3段の階段状の地形が付随している場合がよく見受けられる。磯海岸では波打ち際の直下には，波が岩を削った平坦面がある。地盤が隆起するか海面が低下し，これが陸地化したものが海岸段丘である（図1-5）。一般的に海岸段丘の表面には，海成の扁平な砂礫や波が砕いた岩片などが堆積している。日本では北海道から三陸沿岸や太平洋岸の岬，

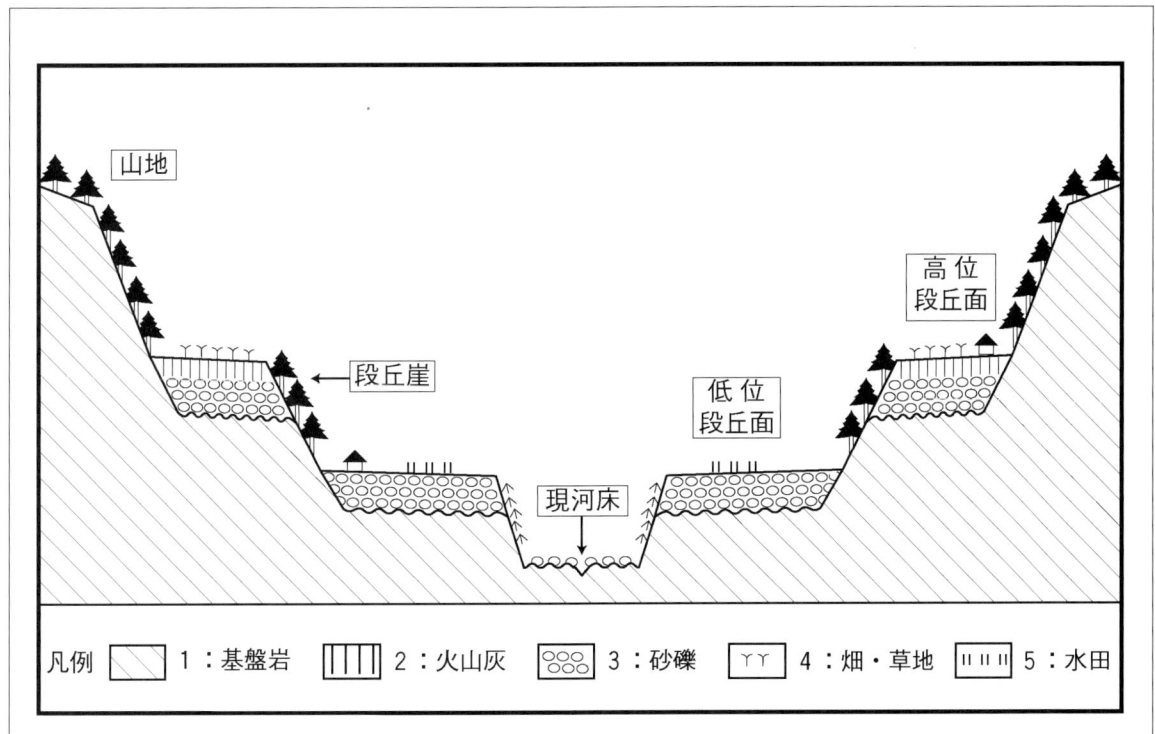

図1-4 河岸段丘模式断面図（大矢，原図）

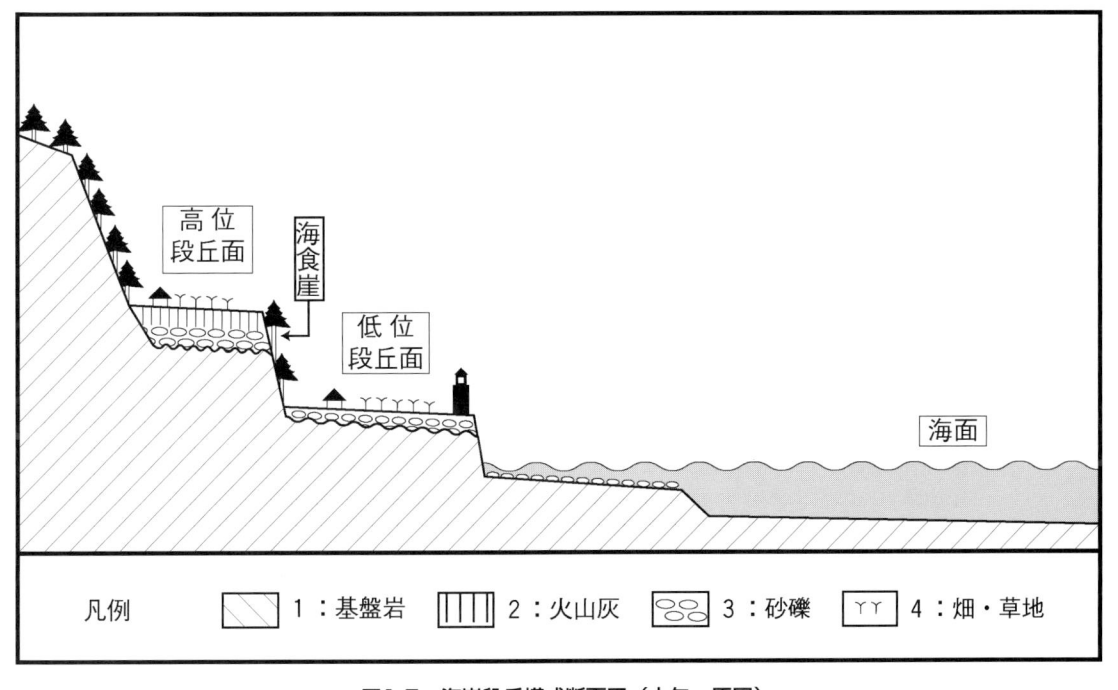

凡例　☒ 1：基盤岩　▥ 2：火山灰　○○○ 3：砂礫　ΥΥ 4：畑・草地　ⅠⅠⅠⅠ 5：水田

図1-5 海岸段丘模式断面図（大矢，原図）

凡例　☒ 1：基盤岩　▥ 2：火山灰　○○○ 3：砂礫　ΥΥ 4：畑・草地

日本海の津軽半島や能登半島などに発達する。

2-2-6 丘陵

台地の平坦面が侵食され，さらに開析が進むと丘陵とよばれる。丘陵とは山地の低いものではなく，侵食地形であり，その形成年代は台地よりも古い。

2-2-7 開析扇状地，開析三角州

扇状地や三角州が隆起したものを，開析（隆起）扇状地，開析三角州とよぶ。これらは形成年代が古く，台地状を呈する場合がある。茶の栽培で知られる三方原は，隆起扇状地の代表的なものである。

2-2-8 日本の山地

日本の山は一般的に頂上部が凸形斜面，7～8合目以下は凹形斜面の組み合わせからなっている。上部の凸面が両側より侵食されると，鋭い満壮年期の山形を呈する。山崩れは両斜面境界から発生しやすい（市瀬，1957）ことから，これを利用した崩壊地形予測分類図の作成も可能である（大矢，1972）。

起伏の大きさを示す起伏量は，地形の侵食の程度を表す重要な指標である。日本の山をみると，一般的に早壮年期から満壮年期的に開析された地域が広い。これは地盤の隆起速度が速いために山頂高度が高いことと，降雨量が多いため河川は旺盛な下方侵食を行い，深く狭い幼年谷を形成しているためである。山頂と谷底の高度差，すなわち起伏量が大きいという特徴を持っている。日本の山地の起伏量分布は，洪積世以来隆起の激しかった飛騨，木曽，赤石，紀伊，四国山地などで800m～1,000m以上にもなっている。

第1章の参考文献

多田文男（1979）「自然環境の変貌」東京大学出版会
市瀬由自（1957）山崩れの地形学的考察―多摩川流域の場合―，資源研彙報，45
桑代 勲（1972）「瀬戸内海の地形発達史」 桑代勲遺稿積出版委員会
M. OYA（1971）Geomorphological flood analysis on the Naktong River basin, South Korea
中野尊正・小林国夫（1965）「日本の自然」岩波新書
阪口 豊（1966）山はどのようにしてできるか―地形学の立場から―，科学，36-7
市瀬由自（1973）日本の山地地形，森林立地，15-1
市瀬由自（1976）日本の台地の地形，森林立地，17-2
阿部祥人・岩田修二・小泉武栄・守屋以智雄・長沼信夫・田淵 洋・海津正倫・漆原和子・柳町 治・柳町晴美（1985）「自然環境の生い立ち―第四紀と現在―」朝倉書店
貝塚爽平（1977）「日本の地形」岩波書店，p.234
奈須紀幸・西川治（1994）「日本の自然」放送大学教育振興会
岡山俊雄（1974）「日本の山地地形」古今書院
大矢雅彦（1979）「河川の開発と平野」大明堂
大矢雅彦（1972）木曽川流域崩壊地形分類図について，地図，10-3

2

河川と平野

木曽川上流（赤沢）（大矢画）

第2章　河川と平野

1　河川

1-1 河川と流域

　雨，雪などの降水は地上に達すると氷河，雪原，湖沼として一時的に留まるが，一部は低い所に集まり，河川となって海へ，また一部は浸透して地下水に，また一部は直接あるいは植物などを通じて蒸発散する。このような水循環の中に河川は位置している。

　河川は流水とそれをたたえる河床，河岸からなる。河川を涵養する水は主として雨によってもたらされるが，降水の集水範囲を流域（drainage basin）という。相接する集水域の境を分水界または流域界とよぶ。河床には流水，とくに洪水によって運搬されてきた土砂が堆積している。そこで河川の研究には流水や洪水流だけでなく，流域地形，河床形態，河床堆積物なども併せて考慮することが重要である。

　歴史時代を通じて河川は人々の居住の中心であった。河川は人々の生活の根源である飲料水を供給するだけでなく，農業の灌漑用水，工業用水を供給し，また発電などのエネルギー源にもなっている。このため河川沿岸には人口が密集し，大都市が生まれた。そのマイナス面として水質汚濁など，自然環境への影響も見過ごすことはできない。

　河川や流域の姿は河川ごとに異なっており，一つとして同じものはない。流域の地形と降水は河川の個性の重要な因子であり，それに付随して土壌，表層地質，植生，河口部では潮汐，波，風など多くの要素が関連している。その地域差にも注目すべきである。

1-2　流域の河系模様

　流域の中を流れる河の流れは，樹枝状，格子状，平行状，環状，放射状などさまざまな模様のように見える。これを河系模様という。これらの模様は流域の地形や地質構造などに制約される場合が多い。また，河系模様には大別すると収束するもの，分派するものに分けられる。前者は河川上流域の山地など，後者は下流部の平野などにみられる。台湾最大の河川である濁水渓は山地部が収束型，平野部が分派型の好例である（図2-1）。

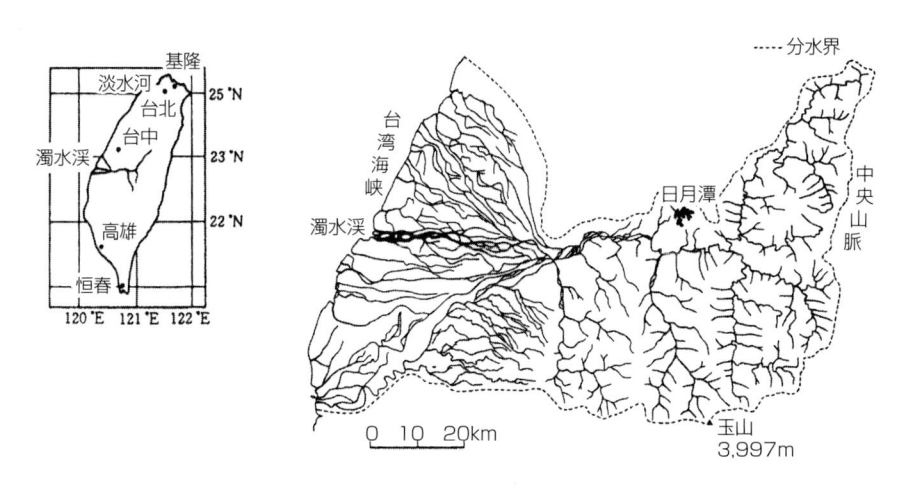

図2-1 濁水渓水系

図2-2 樹枝状河系：矢作川

a) 樹枝状河川

上流域が花崗岩など比較的侵食され易い岩石からなり，かつあまり異なった種類の岩石が混じっていない地域に多い．東海地方の矢作川上流は主として花崗岩地域となっており，樹枝状の河系模様がみられる（図2-2）．

b) 格子状，平行状河川

断層線が縦横に走っている場合には格子状，または平行状の河系を呈する．中国地方は断層線が多く，この型がよくみられる．例として瀬戸内海へ注ぐ広島の太田川が挙げられる（図2-3）．

c) 環状・放射状河川

円錐火山地域によくみられる．九州の多良岳火山の本明川やインドネシアのジャワ島クルド火山のブランタス川は，まず山頂より放射状河系の一つとして流下し，その後山麓を一周し環を描き，海へ注いでいる（図2-4）．

d) 直線状河川

ベトナムのソンホン川（R. Song Hong；別名紅河）は直線状河川で，洪水の流下速度が大陸河川としては比較的速い．そのため下流のトンキンデルタは洪水が激しく，ハノイ周辺には輪中集落が形成されている（図2-5）．阿賀野川の支流の早出川も同型で，洪水の出方が早く，この名がある．

1-3 沖積平野の河道形態

河川は下流部に沖積平野を形成することが多い．沖積平野を流れる河川の河道形態には，網状河道，蛇行河道，直線河道などがある．これらの河道形態は河床の勾配，水位，運搬物質の質および量，河口では潮汐などによって決められる．

a) 網状河道（braided channel）

扇状地やその上流に続く谷底平野でみられ，比較的勾配が急で，流量の変化が大きく，砂礫運搬量の多い河川でみられる．

b) 蛇行河道（meander channel）

扇状地より下流で，自然堤防と後背湿地の組み合わせの地域で多くみられる．ここでは洪水が後背湿地へ流入するため，比較的水位変化が少なく，大きな礫はすでに扇状地で堆積してしまっているので，河床および河岸は主に砂からなる．

c) 直線河道（straight channel）

平野の最下流部，とくにデルタの感潮部に現れる．日本の平野最下流部の多くは干潟が陸化してデルタとなっているので，この河道形態が多い．人工の捷水路，放水路はほとんどが直線河道である（図2-6）．

1-4 平衡河川

河川の縦断面図をみると，一般的に上流が急で下流が緩やかである．河川の上流部では流量が少なく，大きな岩屑や礫などがある．少ない流量で大きな砂礫を

図2-3　格子状河系：太田川

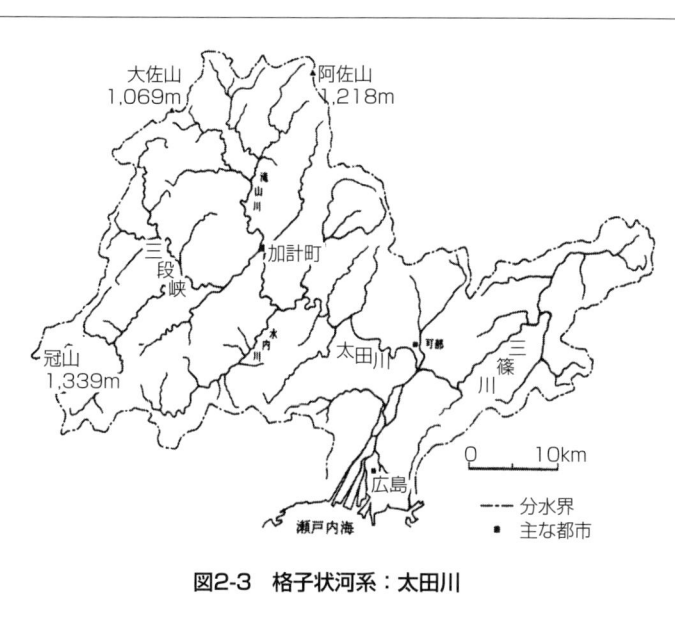

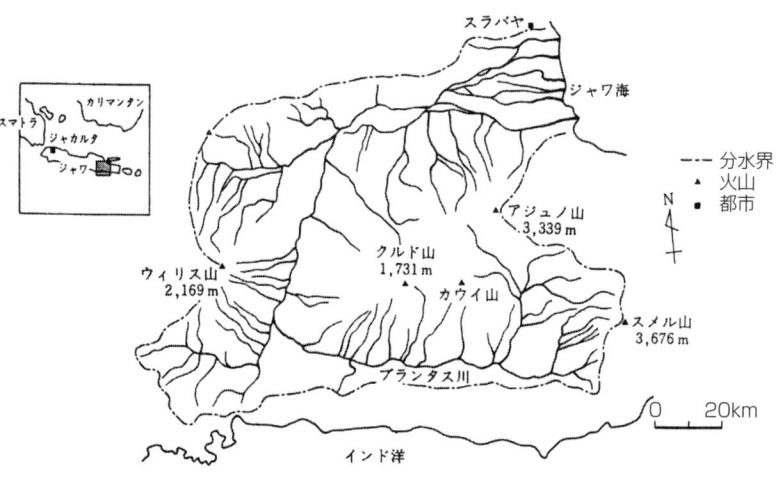

図2-4　環状（放射状）河系：ブランタス川

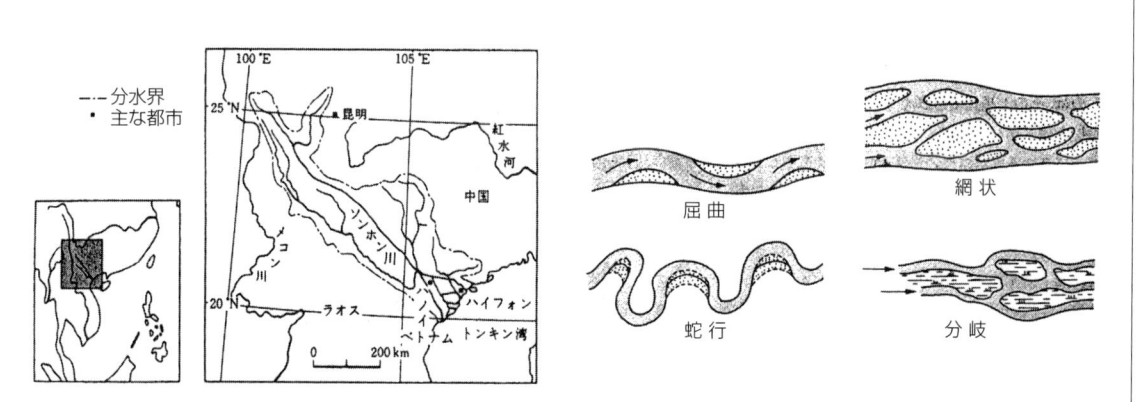

図2-5　直線状河川：ソンホン川

図2-6　河道形態のいろいろ

屈曲　　網状
蛇行　　分岐

45

流すため，河川は急勾配である。下流部では支川の合流により流量が増し，運搬物質の粒径は小さくなり，勾配は緩くなる。このように流量，勾配，運搬物質の粒径には一定の関係がある。これらが完全に釣り合った河川の縦断形はスムースな指数曲線を描き，これを平衡河川（graded river）とよぶ。平衡に達した河川は侵食も堆積も行わないか，あるいは侵食量と堆積量が釣り合っているかのどちらかの状態である。平衡状態が崩れると，河川は新しい条件に見合った縦断形を形成し始める。

1-5　河川の縦断形と遷移点

日本の河川の縦断面をみると，外国の諸川に比べはるかに急であり，日本の河川の特徴の一つを表している。前節のような平衡河川は日本では少なく，ところどころ勾配の不連続点がある。この縦断形の折れ曲がる点のことを遷移点という。上流からみて下流のほうが急となる地点は遷急点，逆に下流に向かって急に勾配が緩くなる点を遷緩点とよぶ。遷急点は一般的に早瀬や，ときには滝となって現れる（図2-7）。

遷急点は河道を横切って断層が生じ，断層の上流側が隆起したり，下流側が沈降したり，火山活動で溶岩が河床に流れ込んだ場合や，柔らかい岩石と硬い岩石の境界などに形成される。また，盆地と盆地，あるいは盆地と平野に挟まれた峡谷があると，この峡谷では両岸から新たな岩屑が河床へ供給される。河川はこの大きな岩屑を流すため急勾配となり，遷急点が形成される。

日本には最上川，木津川，筑後川など，盆地，峡谷を通過する河川が内帯に多く，峡谷には遷急点がある。黄河の壺口の滝，ライン川のローレライの早瀬なども遷急点の例である。

1-6　河川の作用

河川の作用には侵食作用，運搬作用，堆積作用の3つがある。一般的には上流部で侵食作用，下流部では堆積作用が卓越する。

侵食作用には化学的に働く溶食作用と，機械的に働く削磨作用とがある。石灰岩のように溶解しやすい岩石地帯では溶食作用が著しく，山口県の秋吉台，高知県の竜河洞などのカルスト地形や洞窟が多く見られる。

河川の侵食作用には，河床を掘り下げる下刻作用と，谷幅を広げる側刻作用がある。この他，山地では谷頭に向かって侵食し，谷の長さを増大する谷頭侵食がある。河川が流れているところで地盤が隆起すると，川はそのままの位置で下刻し，峡谷を形成する。このような谷を先行谷とよぶ。四国の吉野川を例にみると，四国山脈を切る大歩危，小歩危とよばれる峡谷がそれにあたる。

一般に洪水時の増水期は侵食作用が著しく，減水期には河床に砂礫が堆積する。比較的短い期間に働く侵食作用をスコウ（scour），堆積作用をフィル（fill）と

黄河の壺口瀑布　砂岩頁岩の互層のところにできた大遷急点（大矢2001年9月撮影）

瀑布下流側の砂岩，頁岩の互層（大矢2001年9月撮影）

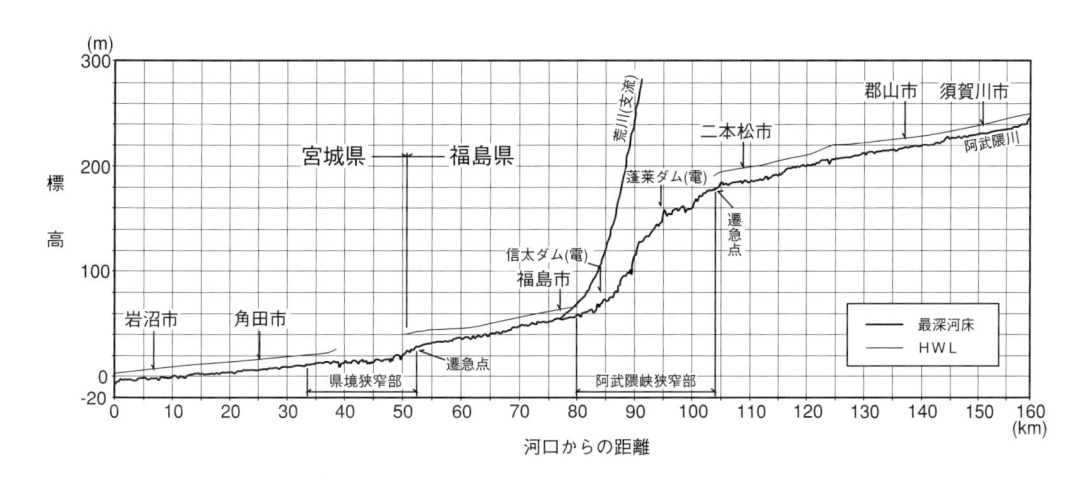

図2-7　阿武隈川縦断面図

いい，長期間にわたる侵食作用をディグラデーション（degradation），堆積作用をアグラデーション（agradation）という。

河川による運搬作用には溶流（solution），浮流（suspension），掃流（traction）の3つがある。河川水中の溶解物質は大部分が地下水より供給されたものである。

世界全体の溶流物質の総計では年間50億トンにもなると推定されている。イギリスでは溶流により，13000年の間にイギリス全土を平均1フィート（30.4cm）地面を低下させたといわれる。

浮流物質の量は流域を構成する岩石，土壌の性質や，植生の有無などによって影響を受ける。中国の黄河など，黄土地帯を通過する河川は浮流物質が多く，濁度が高い。黄河の水をビーカーに入れて静かにしておくと，下に黄土が沈殿し，水は透明になる。熱帯地方の岩石は表面が風化して赤色土壌化しているので，そこを流域とするメコン川，チャオプラヤ川，ガンジス川などは赤色の水となる。氷河の末端から流れ出る川はグレイシャルミルクと称して白くなる。台湾の濁水渓のように，上流にもろい黒色頁岩がある河川ではうすねずみ色となる。

掃流とは比較的大きく，かつ重い礫が川底を転がったり，滑ったりして流下することをいう。これはさらに河床を跳躍しながら下流へ流れる移動をする「躍動」，河床を滑りながら流れる「滑動」，川底を回転しながらゴロゴロ移動する「転動」の3つに分けられる。これらは礫の形，比重，河床勾配などによって異なる。同質，同形の礫の場合は礫の大きさ，堆積は流速の6乗に比例する。

礫の移動距離は平常時よりも洪水時のほうが大きくなるが，多田や三井らが渡良瀬川で1951～1954年にかけて行ったレンガ移動実験では，もっとも遠方まで達したレンガでも2kmに過ぎなかった（多田，1964）。

河川は運搬能力を超える量の砂礫を持つと，河床に堆積物を残すようになり，流速や水深が減少する所では堆積作用を起こしやすい。河川が山地から平野に出たところ，あるいは湖，海へ流入したところではとくに堆積が起こりやすい。

一般に流速に応じて運搬できる粒子の大きさが決定されるから，河床の砂礫は流速に対応して粒径がふるい分けられて堆積する。蛇行する河川では，比較的水深が深く，流速の速い凹岸（攻撃斜面）には粒径の大きな礫が，流速の遅い凸岸（滑走斜面）には小さいものが堆積する。

河川の堆積作用は平常時にはそれほど大きくないが，洪水時には著しい。韓国の洛東江の支川黄江では1回の洪水で2mも砂が堆積し，水田が一面砂の原となった例がある。

1-7　河川争奪

隣り合う2つの河川の侵食力に差があるとき，侵食力の大きいAの川の谷頭が，頭部侵食によって分水嶺に食い入り，ついにBの川に達すると，その地点より上流のBの川の水はAの川へ注ぐようになる。これが河川の争奪（piracy）である。

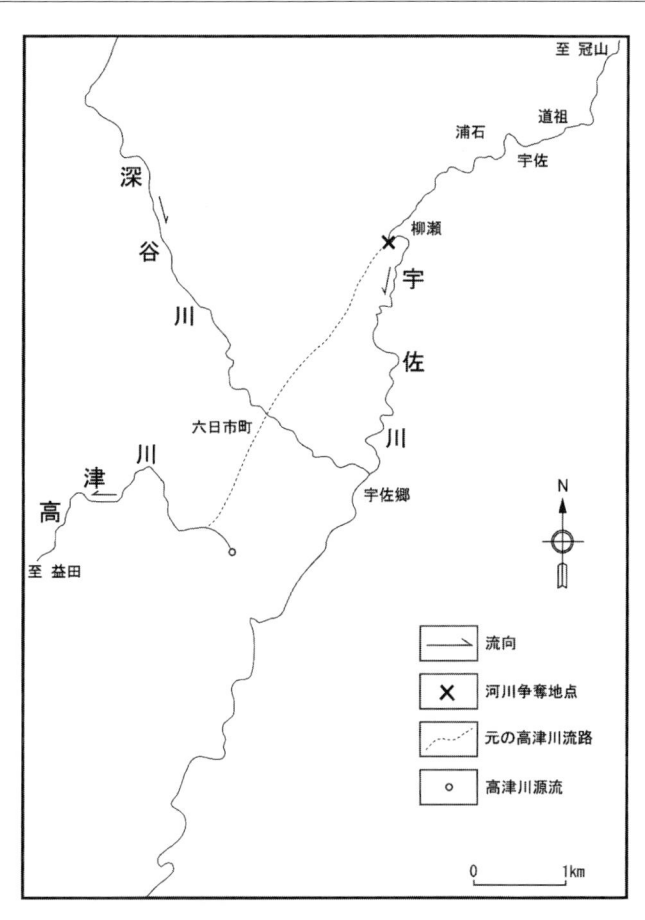

図2-8 宇佐川の河川争奪

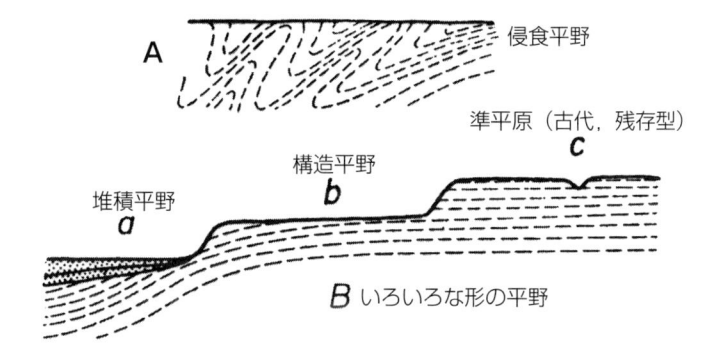

図2-9 メスチェリコフの平野の分類（Y.A.Mescherikov,1968）

表2-1 世界における各種地形のうち侵食平野と河成平野の割合(%)（中山, 1984）

	アジア	アフリカ	ヨーロッパ	北アメリカ	南アメリカ	オーストラリア	世界
侵食平野	12	30	30	19	25	24	21
河成平野	10	9	8	5	2	2	8

この場合，BはAによって斬首された，あるいはAはBを奪取したという。

争奪の結果，河川は状況を一変させる。第1に奪取した河川の流量の急増と侵食力の増加が起こる。そして下方侵食を行い，深い谷を穿つ。第2に斬首された河川は流量の激減により運搬量が衰え，沿岸の斜面や支川から供給される砂礫が運搬できなくなって，今までの谷はしだいに埋められて広々とした谷底平野となり，そこを不釣合いな細流が細々と流れるようになる。このような河川を無能河川という。第3に河川の争奪は流域の争奪でもあるので，奪取した河川の流域面積は飛躍的に増加し，分水界も一気に移動する。

中国山地では，日本海側斜面と太平洋側斜面の河川争奪が数多く報告されている（小畑，1991）。図2-8はその代表的な例，山口県宇佐郡の錦川支流宇佐川と高津川の河川争奪である。かつて高津川は冠山から南流し，宇佐から田野原で北西に転じ日本海へ注いでいた。深谷川（ふかたに）は高津川と合流し，谷底平野を形成していた。その後，下刻作用を増した宇佐川の谷頭侵食によって柳瀬より上流が奪われて宇佐川の流域となった。争奪の時代は更新世後期，またはそれ以前と考えられている。かつての高津川の河床は，深谷川や宇佐川にとっては段丘となっている。現在の高津川の源流は星枝の北西の湧水である（林，2000）。

2　平野の大分類

日本の大きな平野は最大規模の関東平野をはじめ，石狩平野，越後平野，濃尾平野，大阪平野，筑紫平野など，みな大河川の下流部に位置する。これらの平野は河川によって上流の山地から運ばれてきた土砂が堆積して形成されたものであり，堆積平野とよばれる。堆積している場所は地盤が沈降し続けており，そこへ土砂が堆積を繰り返した結果，現在の姿になったのである。関東平野ではすでに述べたように，堆積層の厚さが深い所で2,600m以上に達している。濃尾平野の木曽川河口右岸側，長島温泉でのボーリング調査では，1,500m掘っても岩盤に達しなかった。

ところが，地図帳で世界地図を開いてみると，必ずしも河川下流部ではないところにも大平野が展開しているケースがみられる。たとえばデンマークは国土のほとんどが平野の区分である緑色に塗られているが，大河川は見当たらない。そして，同様に緑色で塗られ，ボルガ川が流れているモスクワ周辺部は，河川の下流部ではなくむしろ上流部である。モスクワ周辺の平野はバルト3国からポーランド，フィンランドにかけて広がっている。ヨーロッパのそれらの平野は，河川の堆積作用ではなく，氷河の侵食作用によってできたものである。ヨーロッパでは前述のように更新世にギュンツ，ミンデル，リス，ヴュルムの4回にわたって氷床に覆われた。その厚さは3,000mに達したところもあると推定されている。この巨大な氷床，すなわち氷河によって岩盤が削られて平坦化されたのである。このような平原を侵食平野とよぶ。侵食平野は河川が形成した平野ではないので，

大雨のとき河川が排水できずに各所に湛水し，被害が発生することがある。たまたま氷河によって深く削られた部分には氷河湖ができた。

また，氷河には侵食作用だけでなく堆積作用もある。ドラムリンやエスカーなどはそれにあたる。堆積物の高度は数十mからせいぜい数百m以下である。

その他，氷河以外の成因の大平野も世界には存在する。岩盤が水平に横たわっているため地表面が平坦な平野である。このような平野を構造平野とよび，代表的なものにタイのコラート高原が挙げられる。この高原の高度は100～400mだが，中生代の岩盤が水平に横たわり，その表面の１～数mが風化して土壌となっているに過ぎない。土壌が薄く肥沃ではないので農耕には適さず，タイ国内でもっとも貧困な地域となっている。

中山（1984）は，侵食平野を次のように定義した。「長年にわたる侵食作用や削剥作用によって平坦化された平野である。このなかには褶曲した山地が平坦化した準平原，水平もしくはやや傾いた地層からなる構造平野，第三紀以前の地層が開析，平坦化された丘陵や台地などを含む。」

一方，ロシアのメスチェリコフ（1968）は，平野を図2-9のように分類している。彼の定義によれば，準平原，盾状地，台地なども平野に含まれ，平坦な土地すべてを平野と表現している。この分類によると世界の55％は平野に分類される。同じ平野といっても，その概念は日本人とかなり異なることがわかり，興味深い。

世界における，侵食平野と河成平野の面積比は表2-1のとおりである。

このような平野の性質の地域差は，気候とともに農業，林業，牧畜に多大な影響を及ぼしている。ヨーロッパの侵食平野の薄い砂礫質土壌には，牧畜や小麦，ジャガイモなどの栽培が適している。アジアの肥沃な河成平野は米作，畑作に向いている。

3　河川洪水による平野地形の形成

堆積平野はその大部分が河川洪水によって砂礫が堆積することにより形成される。このような平野を沖積平野とよぶ。日本では形成年代を完新世に限定しているが，アメリカなどでは更新世の平野も含むので，別名河成平野ともいう。河成平野の地形には著しい地域差がある。そこで，河成平野の地形を正確に理解するには，まず，河川は基本的にはどのような平野を形成するかをみる必要がある。

3-1　河成平野の基本型

3-1-1　扇状地

河川により砂礫が山地より運搬されて，平地に達したとする。山麓より下流では勾配が緩くなり，河道が広がる。すると水深は浅くなり，流速が遅くなるので堆積が起こり，河道に沿って砂礫の「高まり」が形成される。この堆積物の粒径

は縦断面でみると上流ほど大きく，下流に向かって小さくなる。横断面では河道に近いほど大きく，離れるにしたがって小さくなる。垂直的には上部が小さく，最下層がもっとも大きい。

　この幾列かの「高まり」の上流の部分は，粗い砂礫で構成されているので粘着係数が小さく，洪水のときは容易に河岸を侵食し，「高まり」は形成され始めても，すぐ破壊されてしまう。そのため，ここではいつまで経っても明瞭な「高まり」の発達をみず，現河道・旧河道・中州および断片均な「高まり」の組み合わせからなる地形が形成される。河道は相対的に低いところを埋めるように変遷するので，模式的には谷の出口を扇の要として放射状に広がるはずである（図2-10）。

　このようにして形成される谷の出口を扇頂とする扇形の砂礫の堆積地形を扇状地（fan）という。扇形の中央部を扇央，末端を扇端という。扇央では地下水位が深いため，植生に覆われにくい。扇端では湧水がよく見られる。扇状地の河道は網状で粗粒物質からなり，洪水時の侵食・堆積が著しい。

3-1-2　自然堤防

　洪水時に運搬された砂礫の堆積による，河道に沿った「高まり」を自然堤防（natural levee）という。扇状地より下流側では自然堤防と自然堤防の間隔が広がる。礫を含まず主として砂など細粒物質からなるため粘着係数が大きい。そのため河岸が容易に侵食されず，河道変遷が少なくなる。また，植生に覆われやすく，この植生によってさらに堆積が促進される。以上3つの理由により，自然堤防の形態が明瞭となってくる。

　河川が細粒物質すなわち，砂・シルト・粘土のみを運搬してくる場合，扇状地は形成されない。そして，本来扇状地が形成される山麓の地域に，やや広い帯状の自然堤防が形成される。河内平野の大和川（図2-11），タイのチャオプラヤ川などがこの例である。

3-1-3　後背湿地

　自然堤防と自然堤防の間，および自然堤防と台地，丘陵地，山地の間の低地を後背湿地（back marsh）とよぶ。洪水時，自然堤防より溢流した水は後背湿地へ流入するので，河川の水位変動は，扇状地よりは少なく，やや穏やかとなる。そこで，堤防を建設する場合，扇状地では堤防の間隔を広くとらなければならないが，自然堤防地域では狭くてよい。この治水工事の相違が，扇状地と自然堤防の地形景観の相違をさらに大きなものとしている。木曽川，九頭竜川などでこの好例をみることができる。

3-1-4　デルタ

　自然堤防・後背湿地帯のさらに下流で河川が湖や海に流入する河口部では，水中で運搬物質を堆積させ，流路沿いに自然堤防状の高まりができる。水中でも扇

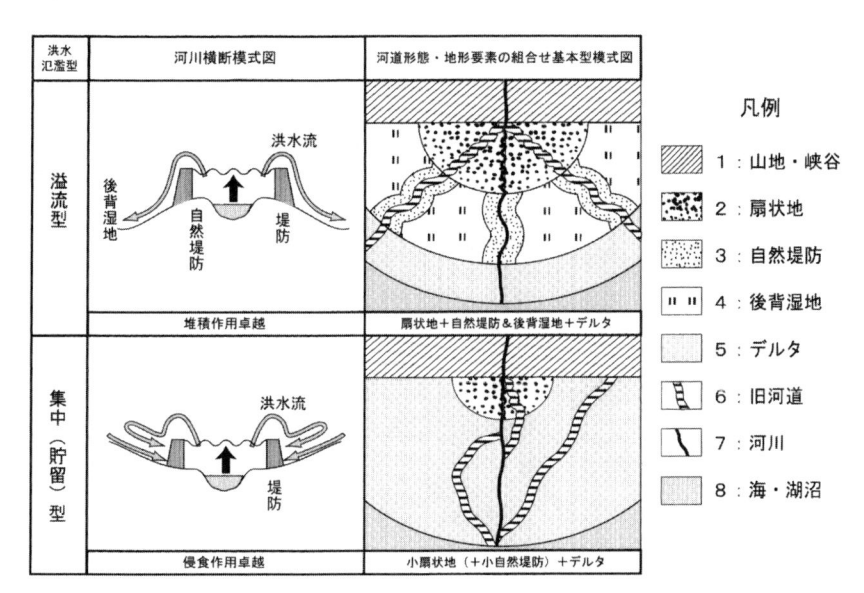

図2-10 洪水氾濫型と河道形態・地形要素の組み合わせ（大矢，原図）

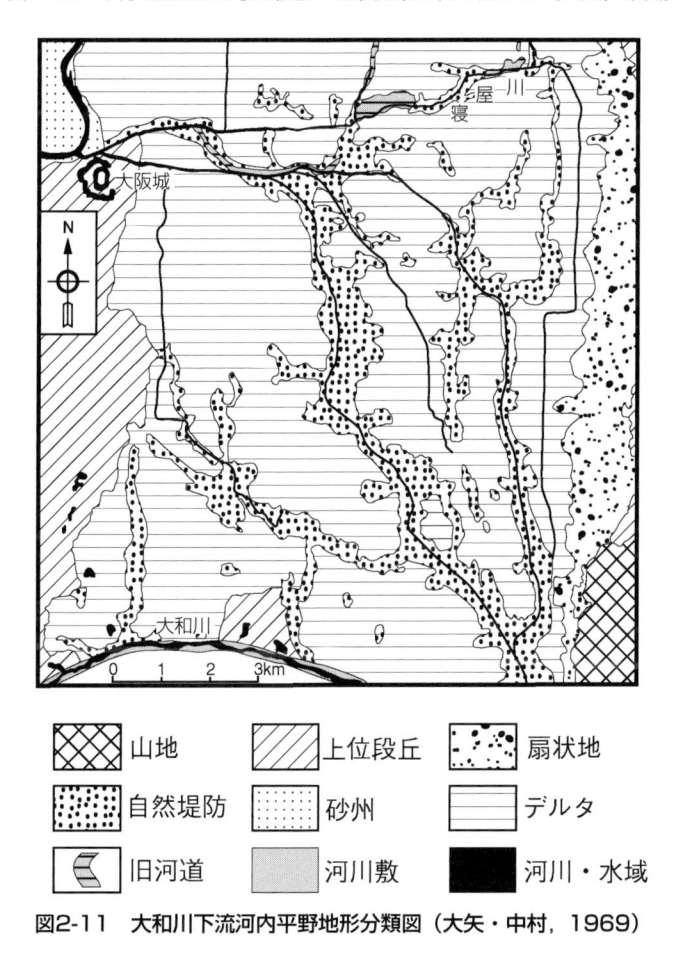

図2-11 大和川下流河内平野地形分類図（大矢・中村，1969）

状地と同様に分流するので，平面的には鳥趾状の自然堤防群ができ，その間に低湿地が残り，デルタ（delta）が形成される。

　海の河口と比べ，湖では潮汐がほとんどなく，沿岸流の作用も小さいので，河川の作用が目立ち，自然堤防が湖岸近くまで目立っているのが特色である。この例は琵琶湖へ注ぐ野洲川，十三湖の岩木川，網走湖へ注ぐ網走川（図2-12）などでみられる。

　海岸の場合は潮汐干満の差が大であること，塩水であること，潮流が大きいこと，高潮あるいは津波に襲われることがあるなど，湖岸との相違点がある。

　海岸のデルタは干潮時には広い陸地となるが，満潮時には冠水する。したがって，洪水時に自然堤防が形成されても満潮時には水面下となり，平坦化されてしまう。また，このデルタはシルト，粘土などの細粒物質よりなるため，洪水時あるいは満潮時に表面物質は流動しやすい。このように潮汐区間では平坦化されやすく，自然堤防が発達しないのが特色である。

　日本の海岸にある多くの平野はこの感潮デルタ（tidal delta）を持っている。しかもその大部分が海岸堤防で囲まれた干拓地で，常時陸となっているので，扇状地，自然堤防とともに平野を構成する重要な地形要素となっている。

3-2　地形要素と洪水氾濫形態

　日本の平野は地殻変動や海面変動の影響も受けてはいるが，主として河川に運搬された砂礫の堆積によって形成される。この堆積は通常時の川の流れによってではなく，主に洪水時に行われる。したがって平野に見られるわずかな起伏や砂礫の堆積状態は，洪水の歴史を示しているといってよい。そこで平野の地形を扇状地，自然堤防，デルタなど細かく区分していけば，過去の洪水の状態がわかるだけでなく，将来破堤氾濫が起こった場合の浸水範囲，洪水の主な流動方向，湛水深の深・浅，湛水期間の長・短，河道変遷の有無などが予測できる。水害地形分類図から洪水の状態を推定する場合，以下に挙げる洪水氾濫形態と洪水型の2つの着目点がある。

　地形と洪水の関係を以下に示す（表2-2）。それぞれの地形要素に対応した洪水状況形態がみられる。

3-3　地形と洪水型

　河道に対し直角に河川とその周囲の横断面をとると，河道に近づくにしたがって地盤高が高くなる場合と低くなる場合がある。前者の例として木曽川，後者の例として筑後川が挙げられる（図2-10）。

　木曽川は上流からの砂礫の供給が多く，河川は天井川化の傾向がある。このような平野で破堤氾濫が起こると，溢れた水は本川より周囲の低地へ流れ，湛水する。氾濫範囲も広く，激しい洪水となる。これを溢流型洪水という。

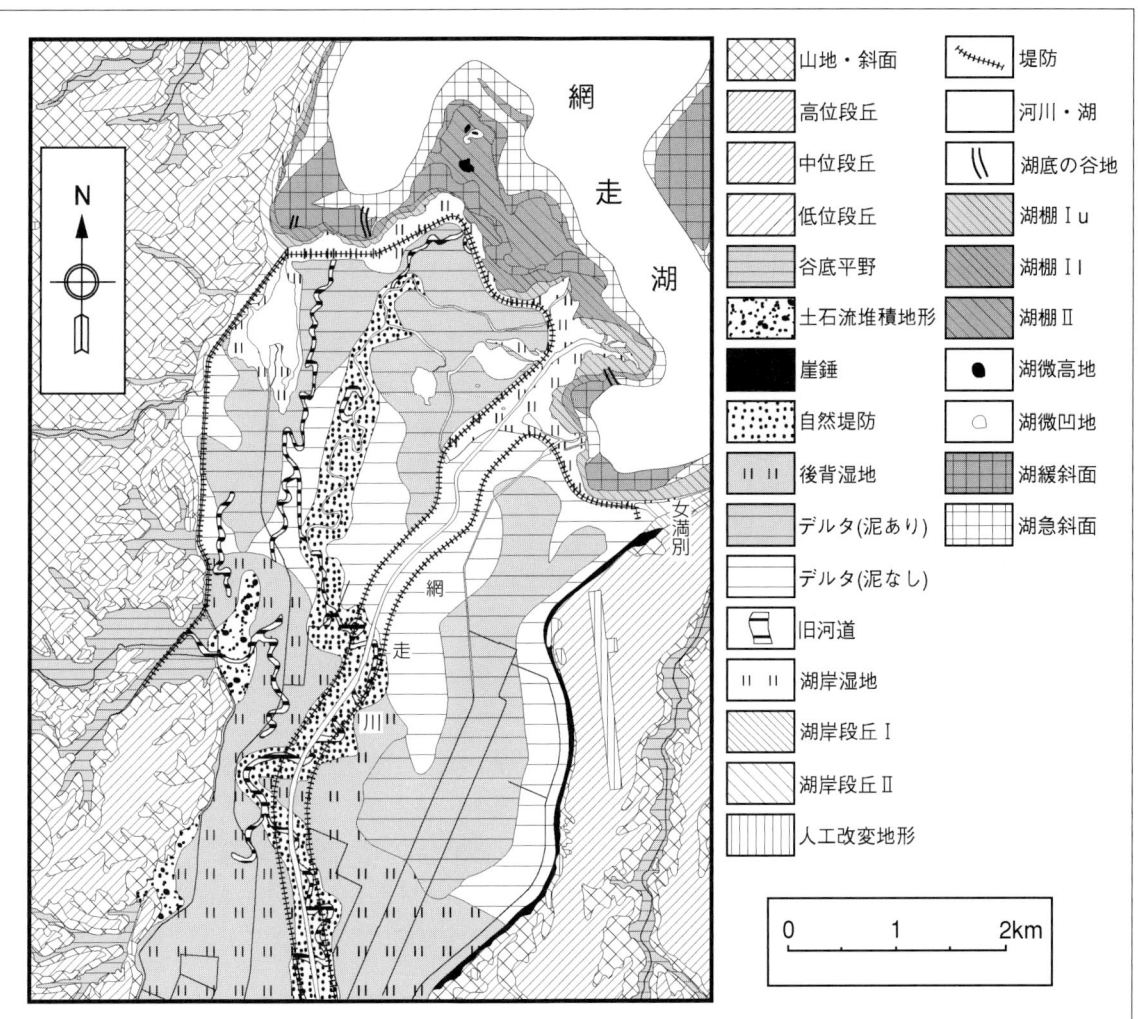

図2-12　網走川地形分類図（大矢・海津・春山・平井，1984）

表2-2　地形要素と洪水氾濫の関係

地形要素	洪水氾濫形態
扇状地	洪水時、砂レキの侵食と堆積がみられる。冠水しても排水は良好である。しばしば流路の変遷がみられる。
自然堤防	異常の洪水時に冠水する。冠水しても排水は良好である。
後背湿地	洪水時長時間湛水する。水深は深い。
デルタ	洪水時湛水するが、水深は後背湿地より浅い。高潮の被害を受けることがある。
旧河道	洪水時よく浸水する。洪水流が流れやすい。
砂州	洪水時冠水せず、津波、高潮は乗り越えることがある。

一方，筑後川の横断面は河道に近づくにしたがって地盤が低くなり，本川が平野の最低所を流れているのがわかる。このような平野で洪水が起こると，本川から溢れた水は周辺に拡散せず，逆に下流で再び本川に流入しようとする。この場合堤防が破壊されていないと，堤内地に湛水する。これを集中（貯留）型洪水という。同様のタイプとして最上川（庄内平野），阿賀野川などが挙げられる。

3-4　濃尾平野の地形分類

日本の平野を地形分類すると，幾通りかに類型化される。その型は上記の洪水型と密接な関わりがある。その代表例として濃尾平野と筑紫平野を挙げる。

前節で述べた地形要素の組み合わせは，日本では濃尾平野にその典型例を見ることができる（図2-13）。地形分類を模式化すると，次のようになる。

大型扇状地＋大型自然堤防＋デルタ

扇状地は主として平野北部に分布し，木曽川，長良川，根尾川，揖斐川に沿って発達する。このほか，西部には牧田川および養老山麓に小規模なものがみられる。

木曽川扇状地は犬山を頂点とし，半径12km，面積約100km^{2}で濃尾平野中最大である。この地表下5mのところに火山灰層が40〜50cm堆積しており，ここから縄文遺跡が発見され，^{14}Cによる測定の結果，その時代は8500±350年B.P.となった。したがって，この火山灰層より上部は沖積層と解釈され，その砂礫総量はおおよそ100km^2×5m＝5億m^{3}となる。仮に堆積期間を8500年とするならば，毎年約6万m^{3}ずつ堆積したことになる。

長良川扇状地は岐阜を扇頂とし，南西へ拡がり，半径6km，面積29km^{2}の小型のものである。勾配も木曽川扇状地が3.3/1000であるのに比べて1.5〜2.0/1000と緩やかである。ただ，地質柱状図を調べると，完新世に堆積したと思われる砂礫層の深さが木曽川のように一定でなく，東部は浅くて7mであるが，西部は深くて約24mであり，面積は木曽川扇状地の約1／3以下であるが，体積は1／3以上あると推定される。

揖斐川は根尾川とともに合流扇状地を形成している。両方とも半径約10km，面積は両者あわせて100km^{2}で木曽川扇状地より小さい。牧田川扇状地は半径5km，養老山麓扇状地群は最大のものでも半径2.5kmとさらに小さいが急傾斜である。

木曽川扇状地の下流には幾筋もの大きな自然堤防が発達するが，長良川，揖斐川扇状地の下流側には自然堤防は少ない。木曽川系の自然堤防としては1586（天正14）年以前の木曽川本川，1608（慶長13）年以前の木曽川の派川である黒田川，一之枝川，二之枝川，三之枝川などに沿って発達している（図2-14）。黒田川に

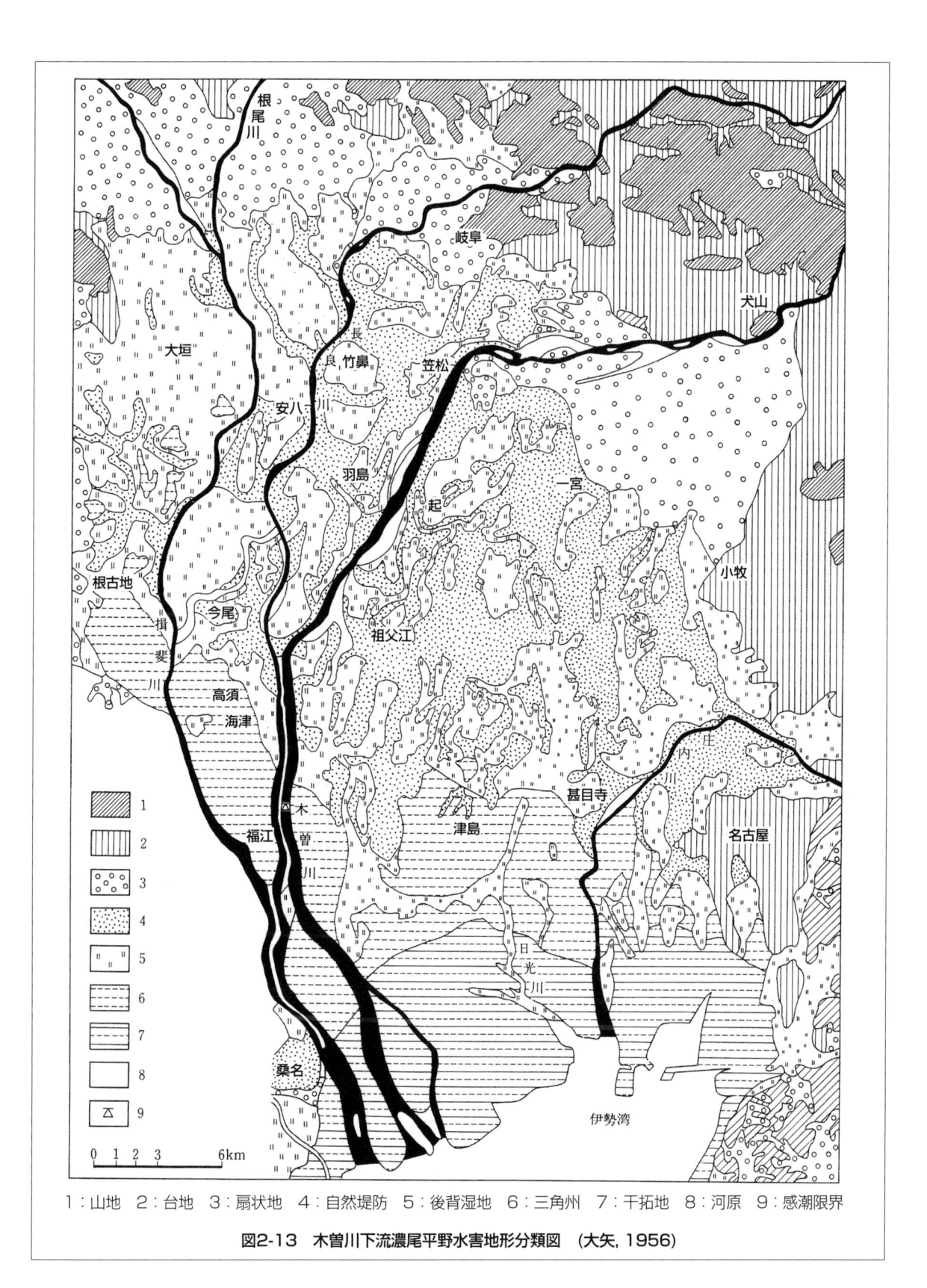

1：山地　2：台地　3：扇状地　4：自然堤防　5：後背湿地　6：三角州　7：干拓地　8：河原　9：感潮限界

図2-13　木曽川下流濃尾平野水害地形分類図　（大矢, 1956）

沿って津島に達する自然堤防は最大であり，長さ22km，幅3.5km，海抜高−0.5〜10m，縦断勾配0.5/1000である。一宮市ではこの自然堤防の地表下40〜130cmのところに弥生中期頃の遺物の包含層があり，その真上に古代〜中世の遺物包含層が確認されている。また，地表下60〜120cmに尾張国分寺の古瓦や土器（12世紀）が発見されたところもある。これらの点より現在みられる自然堤防はおよそ弥生中期以降，1650（慶安3）年以前に形成されたものと推定される。

各派川が相互に干渉交錯しているため，自然堤防も交錯し，いたるところに袋状の後背湿地を形成している。条里遺構は主として後背湿地に分布しており，その当時水田に利用されていることがわかる。この後背湿地の有機土層の上に洪水堆積物と思われる砂層がのっているところがあり，自然堤防の拡大過程をみることができる（金田，1976）。

この自然堤防の発達しているのは名古屋，甚目寺(じもくじ)，津島，海津，今尾，根古地を連ねる線までであって，それ以南はデルタ地帯である。自然堤防地帯とデルタ地帯の境界のうち，長良川と揖斐川に挟まれた範囲，すなわち，高須輪中はこの境界が比較的明瞭であり，1954年当時，今尾−福江北部間の地盤高が南部で15〜50cm，北部で50〜350cmとかなり相違があった。現在は南部が0m以下，北部は0〜2mである。また，南部は粘土質で平坦であるが，北部はやや起伏があって砂質である。名古屋と木曽川左岸との間の自然堤防地帯とデルタ地帯との境界はそれほど明瞭でないが，南部はだいたい海抜1〜−2mであるのに対し，北部は1m以上である。そして，北部は砂質で起伏があり，泥炭質土も分布するが，南部は粘土質で平坦である。

堤外地についても感潮限界はほぼこのデルタの北限と一致しており，1955年当時，木曽川では河口より18km上流の葛木，長良川，揖斐川はともに28km上流の南濃大橋および今尾付近であった。この相違の原因は木曽川の河床が長良川，揖斐川のそれに比べ高いからである（表2-3）。デルタ南部は干拓地，名古屋港周辺は埋立地となっている。

3-5 筑紫平野の地形分類

筑紫平野の地形分類の模式は，

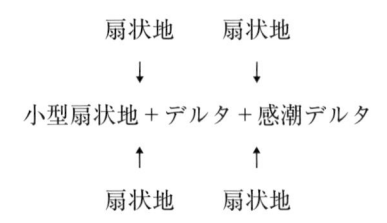

扇状地 　　扇状地
↓ 　　　↓
小型扇状地＋デルタ＋感潮デルタ
↑ 　　　↑
扇状地 　　扇状地

となる。本川の扇状地は，夜明峡谷から平野に出たところに，半径3kmにも満

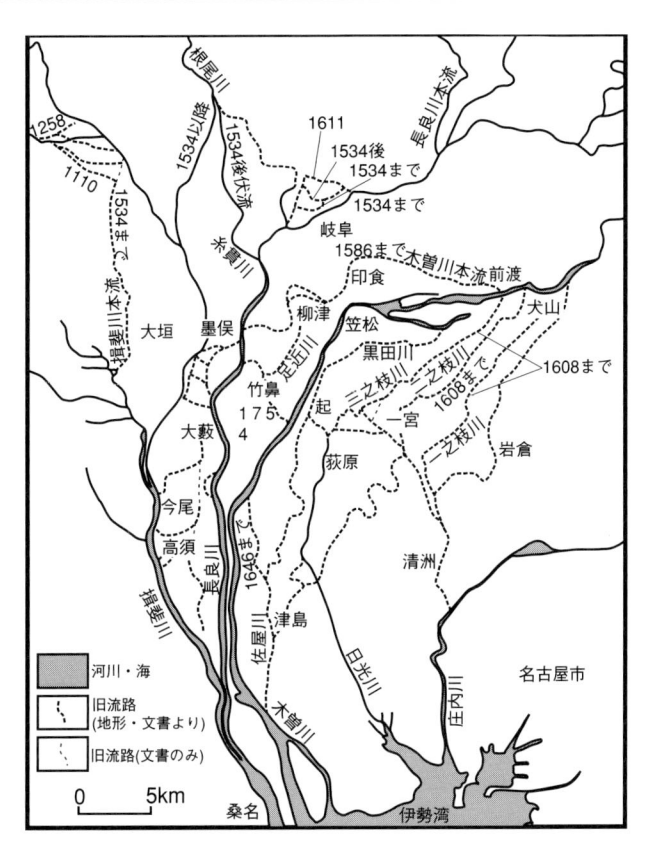

図2-14 濃尾平野河道変遷図（大矢，1956）

表2-3 木曽川，長良川，揖斐川最低河床の比較（1963年）

河口よりの距離	木曽川	長良川	揖斐川
0 km	−7.4 m		−5.5 m
5	−4.4	−5.6	−6.5
10	−4.5	−3.5	−4.5
15	−1.3	−4.8	−3.7
20	0	−1.1	−2.3
25	1.55	−0.6	−2.6
30	2.42	0.1	−0.62
35	1.89	0.6	−0.89
40	3.43	2.8	4.6
45	10.42	3.9	7.05
50	20.20	8.9	16.54
55	24.88	18.1	31.55

建設省横断測量成果より作成

たない小扇状地がみられるに過ぎない。しかし，北部の宝満山塊や背振山脈や南部の三縄山地の山麓には，支流による扇状地が発達している。

筑紫平野はこの両側の扇状地に挟まれる範囲を氾濫原とするデルタ地帯である。一般的にみられる自然堤防はほとんどなく，僅かに支流との合流点や，久留米などの蛇行地点に小規模なものがあるに過ぎない。このデルタ地帯は上・中・下・最下位の四段に分けられる。このうち最下位デルタは感潮デルタに相当する。

扇状地や自然堤防が発達していないということは，上流からの砂礫の供給が少ないことを表している。筑後川流域の山地高度は木曽川に比べ低く，緩傾斜面も多い。筑後川流域は開析が進んだ地形といえる（表2-4）。

また，本川の流路途中には日田等の盆地がいくつか存在する。この地域の地殻変動は，盆地は沈降，峡谷部は隆起の傾向を示す。このような盆地に砂礫が堆積してしまい，筑後川本川の砂礫の流下を阻止している。

第2，3章の参考文献

安芸皎一（1972）解説Ⅵ　信玄堤　古島敏雄・安芸皎一「近世科学思想　上」日本思想大系62　岩波書店
安藤萬壽男（1952）輪中地形とその土地利用の変遷　地理学評論25-7
池田俊雄（1959）東海道における沖積層の研究　東北大学理学部地質古生物学教室研究邦文報告60
井関弘太郎（1950）初期米作集落の立地環境－愛知県瓜郷遺跡の場合－資源科学研究所彙報16号
井関弘太郎（1955）濃尾平野の地形構造と地盤沈下　総理府資源調査会
ウッド.W.A.R.　郡司喜一訳（1941）「タイ国史」冨山房
大倉 博・春山成子・大矢雅彦・S.ウイブーンセーン・R.シムキン・R.スワウィラカムトン（1989）衛星リモートセンシングによるタイ中央平原の水害地形分類　国立防災センター研究速報83号
大熊 孝（1981）「利根川治水の変遷と水害」東京大学出版会
大矢雅彦（1956）木曽川流域濃尾平野水害地形分類図　Ⅲ章，木曽川流域の地形と水害型　多田文男ほか「水害地域に関する調査研究　第1部」　総理府資源調査会
大矢雅彦（1964）東南アジアの水　水利科学37
大矢雅彦（1966）ダム建設による自然の変化　地理11巻2号
大矢雅彦（1968a）平野の地形　西村嘉助編「自然地理学Ⅱ」朝倉地理学講座5　朝倉書店
大矢雅彦（1968b）木曽川と筑後川流域の地形，洪水およびそれが水利用，土地利用に及ぼす影響の比較　水利科学63
大矢雅彦（1973）沖積平野における地形要素の組合せの基本型　早稲田大学教育学部学術研究22号
大矢雅彦（1974）最上川における砂礫流動に対して盆地，峡谷のもつ意義　東北地理26-3
大矢雅彦（1977）河川，平野の開発過程と地域性－日本及び東南アジアの場合　地理22-2
大矢雅彦（1979）「河川の開発と平野」大明堂
大矢雅彦（1992）第2章　河川地理　鮭川 登・大矢雅彦・石崎勝義・荒井 治・山本晃一・吉本俊裕　「河川工学」鹿島出版会
大矢雅彦・市瀬由自（1956）下北半島北東部の海岸地形　資源料学研究所彙報40号
大矢雅彦・中村祝恵（1969）寝屋川流域内水洪水の地理学的研究　資源科学研究所彙報72号
小畑浩（1991）「中国地方の地形」古今書院
貝塚爽平（1969）地形変化の速さ　西村嘉助編「自然地理学Ⅱ」朝倉書店
科学技術庁資源局（1966）「水害地域に関する調査　第6部　狩野川流域の地形・土地利用

表2-4 筑後川と木曽川流域の起伏量の比較（大矢，1973；改変）

起伏量	木曽川(流域に占める割合)		筑後川(流域に占める割合)	
0m	15.92km^2	0.3%	0km^2	0%
100	164.32	3.3	161.20	11.2
200	253.12	5.2	190.64	13.2
300	532.64	10.8	369.44	25.6
400	790.88	16.2	339.28	23.5
500	896.96	18.3	202.08	14.0
600	742.96	15.1	154.32	10.7
700	491.92	10.0	10.00	0.7
800	307.04	6.3	16.00	1.1
900	237.60	4.8		
1000	168.40	3.4		
1100	77.20	1.6		
1200	143.68	2.9		
1300	87.84	1.8		

長良川の扇状地（大矢1994年2月撮影）

筑後川は狭窄部が多い　これは久留米狭窄部上の禅寺梅林寺（大矢1997年3月撮影）

木曽川平野　旧河道（水田）と自然堤防（畑，家屋）（大矢1978年12月撮影）

木曽川河口部デルタ（大矢1994年2月撮影）

と昭和33年水害」
籠瀬良明（1951）長良川右岸桑原輪中の自然灌漑　人文地理3巻3号
亀井高孝・三上次男・林 健太郎（1978）「世界史年表」吉川弘文館
金田章裕（1976）条里制施行地における島畑景観の形成　地理学評論49巻4号
小出 博（1970）第4章　河川の分水　「日本の河川」東大出版会
小出 博（1972）「日本の河川研究」東大出版会
竹内常行（1966）利根川の地理学的諸問題　地理11巻4号
多田文男（1964）「自然環境の変貌」東大出版会
多田文男・三井嘉都夫・大矢雅彦（1972）都市開発にともなう水害構造に関する地理学的研究　防災料学技術総合研究報告
中島峰広（1970）有明海北岸低地における水稲の旱害と水利施設の発達　早稲田大学教育部学術研究19号
中山正民（1984）水と平野「水と地域のかかわりあい」山田安彦編，古今書院
尾留川正平（1952）デルタ先端部の開拓過程の比較　地理学評論25巻2号
保柳睦美（1976）「シルク・ロード地帯の自然の変遷」古今書院
湊 正堆（1954）「後氷期の世界」築地書館
湊 正雄・井尻正二（1958）「日本列島」岩波新書
湊 正雄・井尻正二（1976）「日本列島　第三版」岩波新書
盛岡妙子（1979）甲府盆地西部の地形発達　早稲田大学教育学部卒業論文
吉川虎雄（1969）海面変化と地形発達　西村嘉助編「自然地理学Ⅱ」朝倉書店
吉田新二（1950）愛知県海部郡鍋田村及びその周辺における干拓発生の地理学的研究　岐阜県農林専門学校報告68号
寄藤 昂（1970）信濃川流域における河道変遷とその影響　立教大学修士論文
日本自然学会（2002）「防災事典」築地書館
林 正久（2000）宇佐郷の河川争奪地形
小泉武栄・青木賢人（1994）「日本の地形レッドデータブック」古今書院
De Moor and Heyse（1978）Dépôts quaternaires et géomorphologie dans le nordouest de la Flandre. *Bull. Soc. Belge, Geologie,* 87
Ota, Y.（1975）Late Quaternary vertical movement in Japan estimated from deformed shorelines. *Quaternary Studies,* 13, The Royal Society of New Zealand.
Oya, M.（1971）Geomorphological flood analysis on the Naktong River Basin, Southern Korea. *FAO Report.*
Oya, M.（1973）Relationship between geomorphology of the alluvial plain and inundation. *Asian profile,* Vol. 1, No. 3
Oya, M.（1977）Comparative study of the fluvial plains based on the geomorphological land classification. 地理学評論50巻1号
Pirazzoli, P. A.（1973）Inondations et niveaux marins a Venise：Memoire no. 22, Le Laboratoire de Géomorphologie de l'école pratique.
Pirazzoli, P. A.（1977）Quaternary deep cores from Venice Area. *Paleolimnology of lake Biwa and Japanese Pleistocene,* Vol. 5
Research Group for Quaternary Tectonic Map（1973）　Quaternary Tectonic Map of Japan. National Research Center for Disaster Prevention.
Sakaguchi, Y.（1978）Climatic changes in central Japan since 38,400 yBP. *Bull. Dept. Geography, Univ. Tokyo,* No. 10
Takaya, K.（1969）Topographical analysis of the Southern Basin of the Central Plain, Thailand. 東南アジア研究 7-3
Y. A. Mescherikov Rhodes（1968）[Plains]；*"The Encyclopedia of Geomorphology"*, W. Fairbridge
M. Morisawa（1968）[River]；*"The Encyclopedia of Geomorphology"*, W. Fairbridge

3

治水・利水と平野の開発

釜無川（大矢画）

第3章　治水・利水と平野の開発

　沖積平野は洪水氾濫による砂礫の堆積によって形成されたものである。平野に暮らす以上，洪水氾濫とは常に向き合わねばならない。モンスーンアジアにおいて，水に浸からない高台を居住地に選んでいた人類が，沖積平野に下りて住むようになったとき，最初に利用したのは自然堤防であった。これは自然堤防が洪水に対して比較的安全な場所であるばかりでなく，河川交通に便利であり，隣接する後背湿地を水田として利用するのに便利だからである。現代でも東南アジアの大河の主な平野では，集落は自然堤防上に発達している。

　人類は河川に対する知識を経験的に高め，洪水氾濫に対し水の流れを制御しつつ，飲用水，農業用水，発電のため，水資源開発を進めてきた。洪水に備え，水を制御することを治水といい，水を利用に供することを利水という。

　人は水なくして生存できない。飲用水となる真水は河川，湖沼，地下水等のいわゆる陸水に限られる。これらのうち，もっとも利用度が高いのが河川である。しかし，河川の流量は一定ではない。河川の長さが短い日本では，とくに降水量により左右される。降水量の少ない季節には渇水となり，台風や梅雨時には豊水，時には洪水氾濫する場合もある。水位は河川流出の規模を表す指標の一つであり，日本では複数の特定水位を基準として設けている。表3-1にその一部をあげる。

表3-1　河川の特定水位の定義

特定流量	特定水位	定　義
豊水流量	豊水位	1年を通じて95日はこれを下がらない水位
平水流量	平水位	1年を通じて185日はこれを下がらない水位
低水流量	低水位	1年を通じて275日はこれを下がらない水位
渇水流量	渇水位	1年を通じて355日はこれを下がらない水位
年平均水量	年平均水位	日平均流量を1年を通じ平均した値

1　治水とは

　治水とは，水害（外水，内水氾濫，高潮，津波）に対する防備の手段である。洪水による被害を軽減，防止する基本的な考え方として，

　　1）　洪水の発生をできるだけ防ぐ（発生抑制）。
　　2）　万が一洪水が発生した場合，氾濫を防ぐ（洪水防御）。

3) 氾濫した場合，できるだけ被害の発生を防ぐ（被害軽減）。

の3段階がある。

洪水の原因は予想外の莫大な降水量である。日本の豪雨は台風，梅雨に関連する場合が多い。降水は一般的に平野より山地に多く，降雨は土砂とともに流下し，下流に大きな被害をもたらす。また，急峻で地質がもろい山では，豪雨による山崩れや地すべりなどの土砂災害が発生しやすい。これらの洪水災害と土砂災害は組み合わさって発生することも多い。ただし，土砂災害は火山噴火や地震によっても生じる。

降雨を直接コントロールすることはできない。しかし，これらの災害対策として，山地での砂防ダム等の建設および植林が重点的にあげられる。山地で崩壊あるいは土砂流出等を防ぐ工事のことを砂防（国土交通省），または治山（林野庁）とよぶ。日本は古くから砂防技術が発達しており，saboはそのまま英語として用いられている。1872年，内務省により野洲川上流において行われた砂防工事が，近代砂防工事の始まりである。

砂防工事には砂防ダム，床固，護岸，流路工，山腹工などがある。中でも，砂防ダムは中心的役割を占めている。砂防ダム（堰堤）は土砂流出を調節することを目的とし，従来はコンクリート式が主であったが，最近では，細粒物質や水を透過する構造のスリット（スルー）ダムが増えている。満砂になった砂防ダムも数多く見られるが，河床勾配を緩くする働きがあるので，土砂流出軽減効果は持続している。

2001年には「土砂災害防止法」が施行され，土砂災害の可能性がある区域を指定し，警戒避難体制などが行われるようになった。

現代の治水でもっとも普遍的に行われているものは，築堤である。堤防は洪水氾濫を防ぐため，河道，あるいは海岸に沿って建設される。恒久的に置かれるので，耐久性があり，維持が容易であること，また，長距離の連続堤が一般的なので，工費が安価なことが要求され，その河道付近で採取された土砂礫で造られるのが普通である。

また，都市を流れる河川では，宅地化にともなう洪水流出を抑制するための雨水の貯留施設や，浸透施設が作られるようになってきた。

2 堤防の変遷と地域性

近代の中央集権的な行政機構下で，河川に対する治水・利水の手法は画一的になされてきた。しかし，河川や平野には固有の性格があり，一つとして同じものはない。実際，江戸時代以前においてはそれぞれの自然条件に呼応した治水，利水を行っていた。たとえば，利根川を対象とし泥川工法として発達した関東流，釜無川，富士川を対象として荒川工法として発達した甲州流，木曽川，長良川，揖斐川を対象に輪中に特色をもつ美濃流，淀川下流の河床浚渫と大和川の瀬替え

を中心とした上方流，直線状の河道をもつ紀ノ川の治水を対象として生まれた紀州流などがある。

　治水を行うにあたっては，それぞれの河川・平野が持つ自然的特性は無視することはできない。工事後の環境変化において，再びその特性が現れてくるのである。

2-1　扇状地の治水―信玄堤―

　扇状地河川の特色は，砂礫の堆積，侵食，河道の変遷が激しく，流速，排水が速やかなことである。甲府盆地の西部を流れる御勅使（みだい）川，釜無（かまなし）川はともに扇状地河川としての特色を持っている。御勅使川の名称は洪水後に勅使が派遣されたとも，水出川が変化したともいわれる。釜無川は，釜，すなわち淵の無い川，つまり瀬の連続している荒れ川の意味である。武田信玄の時代には，両河川は現在の合流点より下流の竜王町付近で合流していた。そのため御勅使川の洪水時には，洪水流は釜無川の左岸，すなわち甲府方面へ氾濫した。この流れに沿った旧河道が，釜無川扇状地の表面に幾筋も分布している（図3-1）。

　甲斐の国は小国だったので，信玄は治水による米の生産力の増強を目指したようである。1542年の釜無川の大洪水後，当時22歳であった信玄は，その対策として信玄堤を着工した。これは御勅使川も含めた扇状地の総合治水であり，完成までに20年もの歳月を要した。

2-1-1　将棋頭（しょうぎがしら）による分流

　まず，御勅使川において扇頂から扇央の有野へかけて第1から第4までの石積出しを築き，御勅使川の流れを北東方向へ変えた。次に六科（むじな）に将棋頭とよばれる石堤を造り，御勅使川を北側の本御勅使川と南側の前御勅使川に分流して水勢を弱めた。前御勅使川は洪水時のみ水を流す，流量調節河川として用いられたが，1930年廃川となった。

　本御勅使川には第2の将棋頭が築かれた。北側の派川を北西より流入する割羽沢（わっぱざわ）にあて水勢を削いだ後，再び本御勅使川へ合流させた。　＊1

＊1　本流から分かれ，流れ下る分流。

　次いで本御勅使川を釜無川に合流させるため，釜無川右岸の台地を33m掘削した。ここは堀切（ほっきり）とよばれる。そして，御勅使川は火山噴出物台地である韮崎泥流の末端に近い竜王台地に衝突する形で釜無川に合流させられた。いかに御勅使川の水勢が強くとも，釜無川はこの高台に遮られて，東方の甲府盆地へは氾濫しない。また，合流点付近には十六石という巨石が置かれ，透過式導流堤の役に当てた。このように，御勅使川扇状地の治水とは，分流と合流の組み合わせであった。

66　第3章　治水・利水と平野の開発

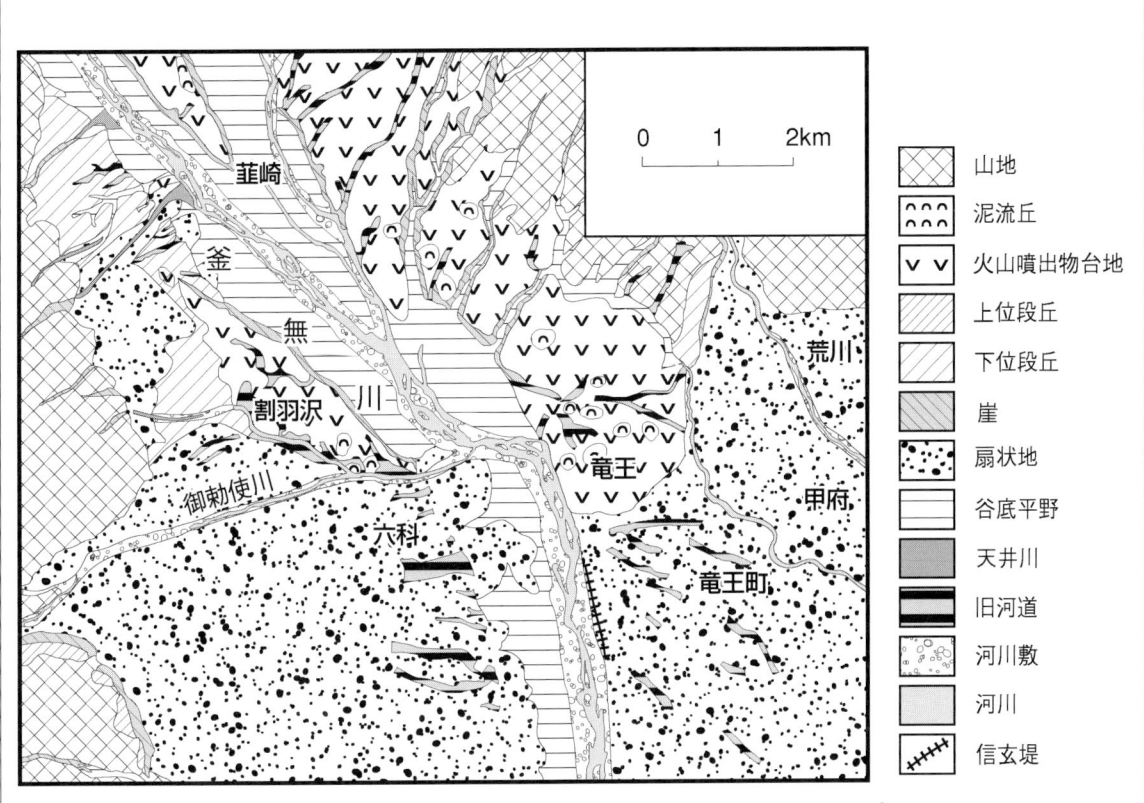

図3-1 釜無川・御勅使川合流点付近の地形分類図（盛岡，1979）

凡例：
- 山地
- 泥流丘
- 火山噴出物台地
- 上位段丘
- 下位段丘
- 崖
- 扇状地
- 谷底平野
- 天井川
- 旧河道
- 河川敷
- 河川
- 信玄堤

釜無川と信玄堤（大山1998年12月撮影）

信玄堤祭　堤の上を神輿を担いで歩くので自然に堤防が踏み固められる（大矢1989年4月撮影）

2-1-2　信玄堤

　信玄堤は竜王台地の末端から南へ2,100m，広義にはさらに南の常永川合流点までの延長部分も含めた堤である。この堤によって甲府盆地は洪水から免れた。まず，630mの本堤を築造し，これに幅10.8mの石積を河川側に施工して，本堤を保護するとともに河水を誘導した。さらに洗掘防止のため，各種の水制（大聖牛，中聖牛，大枠，中枠，籠出し）を用い，これらをなるべく流水に逆らわないように配列した。この方法は現在に至るまで，国土交通省甲府工事事務所によって踏襲されている。この他，本堤の上にはマツ，クリ，エノキ，ヤナギなどの深根性の木が植えられた。本堤の外側にはさらに一番堤，二番堤，三番堤と霞堤が築かれた。霞堤の堤内地への出口で浸水時の堆砂を防ぐため，本堤の背後を竹林の水害防備林とした。

*2

*3

*2　水制とは水の勢いを弱めて堤防を間接的に保護する構造物。明治以前は木の杭を河道に直接打つなどした。木を組み合わせ下部に石を重しとして積み重ねたものを聖牛という。
*3　歴史時代は現代のような大規模な堤防ができなかったので，樹木で洪水被害を軽減する施策が採られた。もっとも多く利用されたのは，竹林である。洪水流が竹林を通過すると流速が落ち，土砂を堆積し，水位も低下するので完全に洪水を防ぐことはできないが，被害を軽減できる。今でも吉野川，野洲川，久慈川などに残っている。最近では河川環境の点からも，見直されている。

　現代の洪水を調べると，新しいコンクリートの水制は，水制それ自身は壊れないが，その足下が洗掘され，堤防の基礎を掘り下げ，かえって危険を招いていた。一方，当時まだ残っていた木製の水制は，洗掘されたところへ水制が壊れ，水制の中の石が転がり込んで洗掘を防止していることが判明した（安芸，1972）。
　武田信玄は信玄堤の配置や構造だけでなく，その維持，管理にも優れた手腕を発揮した。まず，竜王の高台上にあった2つの集落を信玄堤の内側の低地へ転地させ，家屋，土地を与え，税金を免除して専心治水に当たらせた。さらに堤防の上流端に甲州一宮，二宮，三宮を合祀した三社明神を祀った。神様も力を合わせて治水にあたれというわけである。祭りの際には各宮からの御輿がこの社を目指す。大勢の人々が堤防上を歩いて参詣することで，堤防を踏み固めさせるという，信仰心をも取り込んだ知略であった。
　信玄堤が完成したのは1500年代半ばのことである。この治水の成功によって，甲斐国の米の生産高は信玄の父，信虎時代の2倍になったといわれる。武田氏滅亡後も，徳川家康はこの治水策の価値を認め，堤防の維持管理にはこれを継承させることとした。後に甲州流とよばれることになるこの治水手法は，扇状地河川の特色をよく理解した上に組み立てられた，扇状地河川治水の傑作ということができよう。

2-2　輪中堤

　自然堤防，デルタ地域はいくつもの派川あるいは支川に囲まれた島状の地域が多い。このような地域における初期の段階では，馬蹄（半円）型輪中が建設された。自然堤防を利用して島状地域の上流側だけを囲み，下流側は開いた逆U字型の形状で，木曽川，イラワジ川，ソンコイ川などで見られた。洪水に襲われると下流側から緩慢に浸水し，水深も浅い。堤内地は遊水地的な役割を果たし，砂泥も堤内地へ堆積するので，河道の状態も洪水の状態もそれほど変化しない。

　堤内地をより完全に洪水から守るため，馬蹄型輪中の下流側が閉めきられると，いわゆる輪中の形態となる。代表例として図3-2に濃尾平野の輪中分布図を挙げる。とくに海岸に近い地域では，高潮・洪水を防ぐため輪中が発達した。サイクロンの襲来が多いベンガル湾岸にも，高潮対策の輪中が多く見られる。

　輪中の堤防形成過程をみると，一般的には上流端から始まるものが多い。しかし，輪中発達の初期過程は，自然堤防を利用している。桑原輪中や金廻輪中などのように河川の合流点を背後に控える地域では両川の複合自然堤防が下流側に発達していた地域では，輪中の形成は下流側から始まり，開拓も下流から上流側へと進んだ。このように輪中の形成過程はそれぞれの立地条件によっている部分が大きい。

2-3　連続堤—宝暦治水

　近世の治水を特徴づけたのは，幕府を頂点とした統一的な治水と，用水に対する支配の成立であった。輪中堤は技術，経済の発展，あるいは政治単位の拡大などのため，しだいに連続堤に置き換えられていった。木曽川では徳川家康が尾張藩を守るため，犬山—津島間の左岸に御囲堤（おかこいづつみ）とよばれる連続堤を1650年に完成させた。美濃国においては幕府より国役普請制といわれる治水制度が立てられ，それに基づき木曽三川を中心に，幕府，諸藩の手によって統一的な治水工事がなされた。その制度は後に濃州（尾州）国法とよばれ，三川の治水は近世に飛躍的に進展し，新田開発により農業生産は増大した。しかし，右岸は輪中堤のまま取り残された。

　17世紀以来，木曽三川では新田開発にともなって河川勾配が緩やかになり，河床上昇のため洪水が激化し，輪中の各村は水害に悩まされた。1702年，ついに福束，高須，本阿弥の三輪中は連名で幕府評定所に訴願し，水害の原因と考えられていた桑名，長島の新田を撤去させた。しかし，水害はあまり減少せず，抜本的な水害対策を必要していた。

　江戸時代においては，木曽川と長良川，長良川と揖斐川はそれぞれ合流していて，洪水時には合流点で逆流による氾濫が絶えなかった。これを解決するため，井沢惣兵衛為永が三川分流案を発議し，1746年，高須輪中各村は連名でこの案の

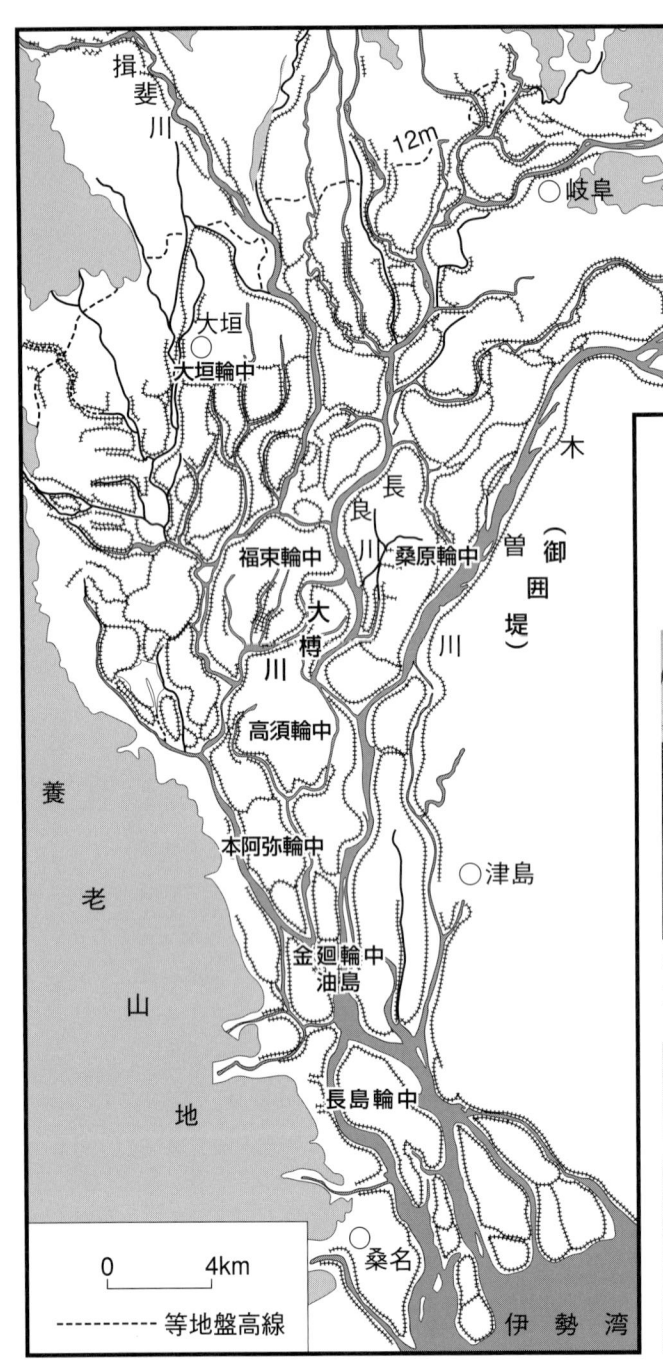

図3-2 濃尾平野西部輪中分布図（国島秀雄作成：安藤，1952）

お囲い堤　犬山より木曽川に沿ってつくられた連続堤（大矢1995年1月撮影）

十連坊輪中（大矢1994年2月撮影）

実行を幕府に訴えた。

　幕府は1753（宝暦3）年薩摩藩に御手伝い普請を命じ，翌宝暦4年着工，5年に完成した。主要工事は油島締切と大榑川洗堰築堤であった。前者は木曽川とそれに合流する長良川の流水を油島で遮り，後者はそれによって生ずる水位上昇を，同川から揖斐川に注ぐ大榑川河口で調整分水させることを目的とした。この工事は世に宝暦治水とよばれるもので，40万両という大金と80名もの多数の犠牲者を出して完成した。この工事により，集落単位で築かれた輪中堤はしだいにその機能を失い，連続堤に置き換えられていった。

　連続堤の建設により，堤内地は中・小洪水からは守られ，回数も減るようになった。しかし，連続堤が建設されると，一般的に上流の河床は上昇する。回数は減るが一度破堤・氾濫が起こると大洪水となり，洪水の流速，水深は連続堤建設以前より速く，かつ深くなり，被害の拡大が懸念される。

2-4　スーパー堤防・親水堤防

　現在，ほとんどの堤防は連続堤である。このうち，高潮，津波を防ぐ目的で造られたものを海岸堤，防潮堤とよぶ。この他，河川を一定の方向に流す役割を持つ導流堤などがある。最近，従来の堤防とは全く発想の異なる，超規格堤防（スーパー堤防）が注目を集めている。これは絶対に切れない堤防で，幅は場所によって異なるが従来の規模の30倍位ある。従来の堤防建設は，土地を買収してから築堤するため非常な時間と費用を要した。このスーパー堤防は土地を半永久的に借り，築堤後再び住民に堤防の上に住まってもらう方式である。万一，超過洪水があっても，水は堤防上を越水し，浅い水位で流れるだけで破堤はしない。現在，利根川，荒川，江戸川，淀川等の大河川の重要個所で造成しつつある。

　また，最近は環境，とくに都市の環境における河川の役割が見直されてきている。従来の政策は人が河川に近づかないよう遠ざける方針だったが，現在では水に親しんでもらえるよう，堤防の河川側に階段を造って水辺に降りやすくしたり，釣り人に便利な施設を提供したりしている。

3　分水路（放水路）の建設

　排水を促すために，全く新しい水路を掘る方法がある。この水路を分水路（放水路）とよぶ。放水路の歴史は意外に古く，江戸時代から信濃川や狩野川，利根川などで造られた。狩野川では狩野川台風による大被害を契機に，珍しいトンネル式の放水路が建設された（大矢，1979）。

　明治以降，全国の主要河川では放水路工事が活発に行われた。荒川放水路は，東京を水害から守るために1930年に建設された。荒川の下流は隅田川ともよばれ，河積が狭いため左岸側の堤外地へ洪水氾濫を繰り返していた。江戸時代には，洪

*4

水対策として遊水地が設けられた。1910年の大洪水を契機に，荒川大改修計画が立案された。埼玉県鴻巣付近の荒川の堤外地は，この大改修で幅約2kmにもなり，横堤も造られ，遊水機能を持っている。1911年には放水路工事が着工され，1930年に完成した。起点はJR東北本線鉄橋から千住の北部を迂回し，当時の綾瀬川，中川を横切り，砂町地先の中川河口で東京湾に注ぐ，全長22kmの大河道である。この新河道の計画高水流量は，新荒川大橋で4,170m³/secとしている。このうち，岩淵水門から830m³/secを隅田川に導流し，残り3,340m³/secが放水路を流下する。放水路完成以後，隅田川の洪水被害は激減した。1947年のカスリーン台風による大洪水の被害は相当なものであったが，荒川下流域は被害を免れた。

近年では治水だけでなく，利水にも役立つ遊水地が見直されている。1997年には浦和付近に治水，都市用水の目的で第一調整池（彩湖）が造られた。今後，上流に第五調整地まで建設される予定である。

江戸川は下流でほぼ直線状に南下するが，河口付近で湾曲している。その周辺には工場が密集し，川幅を拡大できないため，放水路は湾曲部を避けて計画され，1919年に完成した。この放水路との分岐点には閘門が設けられている。平常時は閘門を閉め，河川水は旧江戸川に流下し，洪水時のみ開放する。2つの閘門により旧江戸川には海水は入らず，金町浄水場で取水され，千葉県の上水道に供給されている。この閘門は防潮樋門も兼ねている。

*5
*6
*7
*8
*9

＊4　堤防を境に，水が流れている方が堤外地，堤防に守られている方が堤内地
＊5　一度に大量の水が流れてくるのを防ぐため，一時的に中流部に水をためておき，洪水が減水してからその貯留水を放出する。利根川，渡良瀬川合流点付近の渡良瀬川遊水池や庄内川の小田井遊水池等がある。
＊6　連続堤に対し直角に張り出す堤防で，流速を減じ，河道がなるべく中央部を流れるようにする働きをもつ。
＊7　洪水防御計画を立てるため，ダムなどの水位調節をしないと仮定したその川の基本高水流量をいう。
＊8　潮の干満や船舶の航行に合わせて自由に開閉できる水門。
＊9　高潮の侵入を防ぐための水門。

4　利根川東遷

利根川は流域面積日本一の大河川である。途中最大の支川鬼怒川を合わせ，銚子から太平洋に注いでいる。しかし，かつては太平洋ではなく，東京湾に注いでいた。江戸時代より前の利根川は，川俣から南へ下り，現在の会の川を流れ，川口から古利根川を流れていたのである。

1594年に会の川を締め切り，利根川を東遷させた翌1595年に利根川左岸側に妻沼の対岸より約35kmの間，高さ5～7mの大堤防が建設された。これは小出（1972）によって文禄堤と名付けられているが，利根川における大規模な連続堤建設の始めとみてよいだろう。流路は一気に銚子に流したのではなく，少しずつ

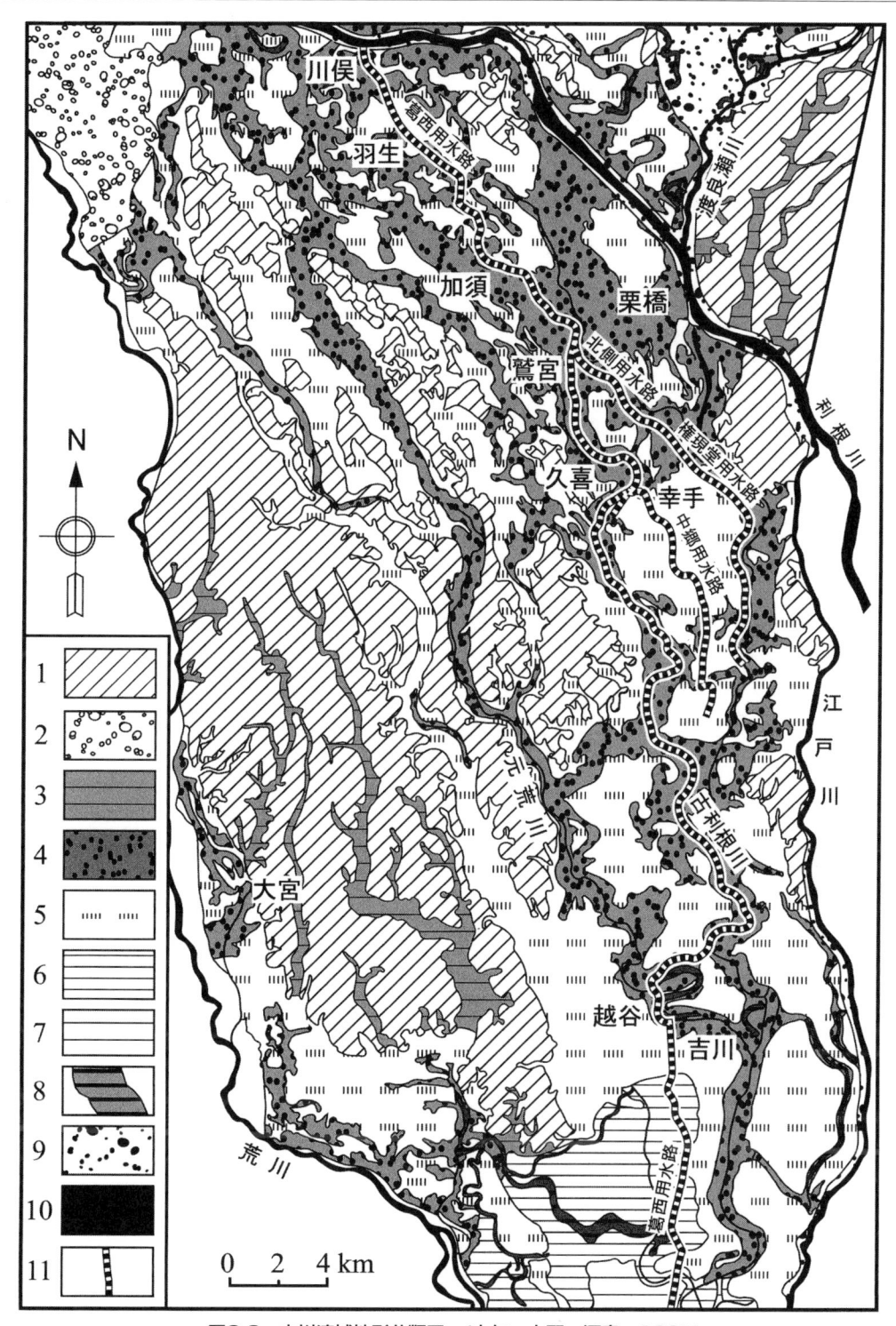

図3-3 中川流域地形分類図 （大矢・小野・河島，1961）

1：台地　2：扇状地　3：谷底平野　4：自然堤防・砂丘　5：後背湿地・泥炭地　6：高位デルタ
7：低位デルタ　8：旧河道　9：河川　10：用水路

東へ付け替えられ，工事は1809年まで，約200年間にわたった（竹内，1966）。

この大工事の目的について，諸説は多いが記録は残っていない（大熊，1981）。

1) 湿地開拓説

東京湾の北に位置する低地は利根川，荒川の自然堤防が交錯している地帯である。江戸時代，東京低地の後背湿地には多くの沼や湿地が残されていた。利根川東遷後は地下水位が低下し，湿地が乾き水田面積が倍増した。

2) 河川交通整備説

江戸時代の河川交通は，物資運搬手段として重要だった。鬼怒川，小貝川，霞ヶ浦周辺および香取平野の農産物は，すべて銚子から房総半島を迂回して船で江戸にもたらされていた。しかし，銚子の沖は風波が高く難所だったので，鬼怒川と利根川を接続させる赤堀川を開削した。鬼怒川，利根川，江戸川を結んだ内陸水路で物資を江戸に運ぶ必要があったのである。

3) 首都防衛

河川は戦闘の際の防衛線としてきわめて有効である。江戸幕府は，東北の伊達藩を警戒していた。

4) 治水説

1704年，1742年，1786年，1846年の利根川の洪水は，江戸まで到達した。当時の治水方法は，関東平野を北西から南東に走る多くの自然堤防の低い部分を高くして，洪水流を江戸川に流す手法だった。このような治水が行われていたため，利根川東遷が行われた，というのは早計だとする研究もある（大熊，1981）。江戸の洪水の記録はこの他にもあるが，大方は神田川や隅田川の氾濫による。

河道が付け替わった後，鬼怒川下流の香取平野は利根川の流入により流量が増し，洪水氾濫が増加した。一方，江戸の町は利根川の中小規模の洪水から守られるようになったが，1896年，1910，1947年の大洪水のように，時には東京まで達するものもあった。1947年の洪水はカスリーン台風によるもので，八斗島では14,000m^3/secもの流量を記録し，栗橋の少し上流で破堤した。古利根川に沿って流下した洪水は，3日後に桜堤を破って東京下町を襲った。人為の力は偉大な仕事を成し遂げたが，自然の猛威はそれを上回り，制御を解かれた河川は元の河道を選んだ。東京が利根川の洪水に襲われる危険性は，今も続いている。

5　利水

人は，技術の発達にしたがって，中小河川に小規模な堰を造って取水したり，天水を溜めて池をつくったりすることができるようになった。登呂の遺跡のように，場所によっては大規模な水路網を持っているところもあったが，中世まで用水路の多くは小規模であった。日本では河川水位の変化が大きく，取水はそれによって左右されるため，溜池灌漑が広く発達した。降水量や河川が少ない讃岐平

野などで顕著にみられる。

5-1　地形から見た用水の特色

　台地・丘陵などで細かく谷が刻まれていたところでは，谷の一部をせき止める溜池灌漑が行われた。この場合，谷川などをせき止める場合もあるが，湧水を利用する場合も多い。

　また，日本では関東平野，濃尾平野，大阪（河内）平野のように，扇状地から下流側は自然堤防が発達し，その間が後背湿地となっている沖積平野が多い。このような地域では，自然堤防上に用水路を設け，後背湿地に排水路が造られた。関東平野の葛西用水や見沼代用水はその好例である。これらの長大な用水路が建設されたのは近世中期以降で，利根川などの大河川より取水した（図3-3）。

5-2　筑紫平野—溝渠網による灌漑—

　筑紫平野のように，降水や河川による水量が十分供給できない場合，貯留と灌漑によって水を確保している地域もある。筑紫平野が面する有明海は，干満の差が日本で最大である。六角川河口では約6.25mにも及ぶ。海水が上潮の時，河川を遡ると塩水遡上がおこる。満潮時には海水が河床を這うように上流に侵入していく。断面で見た形から，これを塩水楔（くさび）という。河の表面は上流から下流へ真水が流れている状態で，この真水のことをこの地方では「アヲ」という。満潮時に塩水楔により水位が上がり，アヲを利用した灌漑を逆潮灌漑という。アヲの取水は樋門による自然流入と機械用水とがあるが，取水時間は当然干満により制限される。

　同じ平野の中でも自然条件の相違によって，地域別にさまざまな灌漑方法が採られている。2-3-3節で述べたとおり，筑後川は河道に近づくにしたがって地盤高が低くなっている。このため，筑後川本川の水利用は困難で，本川に沿う幅5.5～12.0kmの間の平野が逆潮灌漑地域になっているに過ぎない。矢部川，嘉瀬川は溢流洪水型の河川で，天井川化の傾向があり取水しやすいが，流域面積が小さく流量が少ないため，筑紫平野を十分灌漑することはできない（図3-4）。このような環境下で工夫されたのが，溝渠（こうきょ）とよばれる堀による灌漑である。溝渠網が建設されると，洪水時には水はこれら溝渠に分散貯溜されるため，洪水の状態は緩和されると予測される。実際，1953年6月の筑後川洪水には，中流に比べ下流の溝渠地帯のほうが水深も浅く，流速も遅く，洪水の状態が穏やかであった。

　農作業の機械化にともない，堀は障壁と見なされた。「クリーク征伐」と称して地ならしを行い，久留米の筑後川大堰から筑後川本川の水を大規模用水路で灌漑するようになった。しかし，近年，自然景観や多様な生物環境を残そうとする動きも始まり，佐賀市では平成11年にクリーク公園条例が作られ，見直しが図られている。

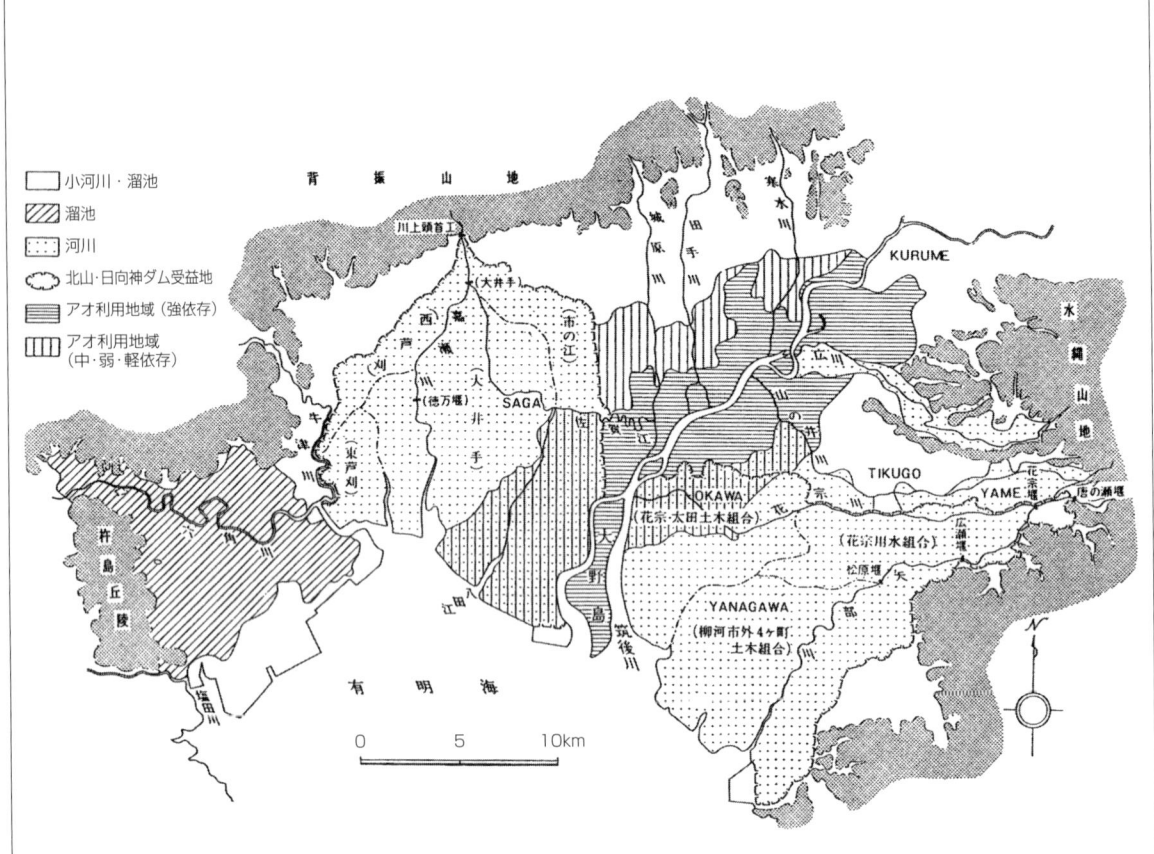

図3-4 有明海北岸低地における灌漑水源別区分（中島，1970）

凡例：
- 小河川・溜池
- 溜池
- 河川
- 北山・日向神ダム受益地
- アオ利用地域（強依存）
- アオ利用地域（中・弱・軽依存）

柳川　濠とひな祭り（大矢1997年3月撮影）

佐賀平野と堀（大矢1987年10月撮影）

6 ダムの建設

ダムは，河川の上流部に貯水池を建設し，洪水対策や，発電，利水などを目的に建設される。目的がひとつだけのダムを専用ダム，複数の目的を持つものは多目的ダムと称される。日本最初の近代ダムは，1868年竣工の大野田ダムである。以来，数多くのダムが建設されている。2002年時点で高さが15m以上のダムは3,069あるが，そのうち843のダムが洪水調節に用いられている（日本ダム協会，2003）。日本でダムが洪水調節に用いられるようになったのは，第2次世界大戦以降である。

多目的ダムは洪水調節（治水）のほかに，水道，工業，農業，発電などの用水の供給（利水）にも使われるが，治水のためには貯水池を空にしておくのが望ましく，利水のためにはできるだけ貯水しておくのが望ましい。水利用については，どれだけ水を使う権利があるか，すなわち水利権の問題がかなり重要である。

わが国では古くから農業用水として河川水が利用の主要目的だったが，明治以降の経済や社会の発展にともない，水力発電，生活用水，工業用水などとして利用されるようになってきた。近年における水使用量（取水量）の経年変化をみると，生活用水は増加し，工業用水（淡水補給量）および農業用水は横ばいである。2000年における水使用量（取水量）は870億m^{3}で，そのうち164億m^3（18.9％）は生活用水，134億m^3（15.4％）は工業用水（淡水補給量），572億m^3（65.7％）は農業用水である。

ダムは堤体材料および構造によってコンクリートダム（重力ダム，アーチダムなど）およびフィルダム（アースダム，ロックフィルダムなど）に分けられる。熱帯など岩盤の風化の著しいところでは単位面積あたりの重量の少ないロックフィルダムやアースダムが造られる。ナイル川のアスワンダムもロックフィルダムである。

ダムというと，主として上流に建設されるものであるが，利根川河口堰，長良川河口堰，阿武隈大堰など，河川下流部にも建設されることがある。利根川河口堰は河口の銚子から18.5kmのところにある。塩水の遡上を調整し，利根川下流域の塩害防除と新規の利水を可能にしている。

このようにダム（堰）の発電，灌漑，治水に果たした役割は大きい。しかし，ダムを造ることによって生ずる環境の変化も見逃してはならない。

6-1 堆砂問題

ダム群の建設でもっとも影響を受けるのは砂礫の移動である。砂礫が貯水池内で堆積するため，貯水池より上流側では河床の上昇ならびに水位の上昇をきたし，洪水氾濫の危険性が増大する。平成12年度の国土交通省の調査によると，堆砂率

（堆砂量／総貯水容量）のもっとも高いのは，大井川水系の千頭ダム（1935年竣工）で，97.7％である（日本ダム協会，2003）。また，1934年に天竜川に建設された泰阜ダムでは建設後5年間で80％も埋積している。泰阜ダム上流にある川路村，竜江村では1938年以来，河床の上昇により，しばしば洪水氾濫に見舞われるようになった。1953年頃からは耕地が湿地化しはじめ，桑の枯死するところも現れてきたので，農林水産省は排水工事を行った。1957年6月の大洪水後，保障が絡んで堆砂問題が騒がれた。泰阜におけるダム建設後の河床上昇推定値が，地元の言い分は14m，一方建設省の主張では2mというかけ離れた値が当時の国会でも取り沙汰された。実測値がないため結局，決着がつかなかった。いずれにせよ，この堆砂は自然的理由の他に，ダム建設が原因であったと考えられる。 *10

*10 峡谷での流速が遅いことや，隆起運動などが考えられる。

しかし，流路に盆地をもつ河川では堆砂は少なく，筑後川の夜明ダムでは建設後10年で15％埋没したに過ぎない。また，造陸運動地域では堆砂は問題にならない。たとえば，テネシー川の最大のダムであるケンタッキーダムでは100年間で全貯水量の僅か4％が埋まるに過ぎないといわれている。

堆砂問題に対処するため，現在では排砂路やダム上流に貯砂湖を建設するなどの対策が講じられている。

6-2　河床低下

一方，ダムの下流側では砂礫が流れてこなくなるため河床低下を起こし，洪水氾濫の危険性は少なくなるが，利水は困難となる。木曽川のダム群では1964〜1965年の1年間だけでも，467,100m^{3}の砂礫の流下を阻んだ。現在，犬山には新濃尾用水取入口として可動堰があるが，この堰の建造以前，犬山には木津用水，2km下流には宮田用水の取入口があった。木津用水は1650年に造られたが，当時は砂礫が取水口に堆積して取水を困難にした。ところが1924年に大井ダムが建設されて以後，逆に河床が低下して取水が困難となった。宮田用水は河床低下で取水口を上流へ移し，犬山可動堰建設前には最初の地点より8km上流へ移した。渇水年であった1947年と平水年と思われる1951年とを比較しても，1951年のほうが不足水量が多かった。これは木曽川の河床低下のためと考えられる（大矢，1966）。

6-3　その他の問題

この他にもダム建設による影響は，洪水流下速度が速くなるなどさまざまな例が挙げられる。貯水による水温変化では，日本では水温の低下による米生産への影響がよく知られているが，タイのダムでは逆に水温が上昇し，工業用冷却用水

として使えなくなるという現象も起きている。熱帯地方のダムでは，乾季にも灌漑が行われるようになって米の収穫量が飛躍的に増大した反面，湿度が上がり，気候にまで影響を与えている。

ナイル川上流のアスワンダムは建設後，地震が頻発した。水没した地域にあった断層が水の影響を受けたためと考えられている。そのため政府が中心となり，ダム周辺に地震計を多数設置し，観測している。専門家養成のため，日本への留学も多い。国際河川のメコン川にも本流にダムを設置する計画がかつてあったが中止または縮小となった。その理由として，政治的な混迷と，採算問題，地震の可能性等の問題があげられた。

7 河川コントロールの大きな転換点

明治時代前半までの日本では，河川利用の重要性は水上交通にあった。河川は今日でいえば国道や高速道路のような価値があったのである。たとえば，川越から江戸まで新河岸川を一晩で下った。江戸の下町には水路が縦横に発達し，葛西用水路の最下流の曳舟川は，中央分離帯まで備えていた。

しかし，明治後半以降は鉄道，次いで道路網の整備により，水上交通は陸上交通に取って代わられるようになった。河川には高い堤防が築かれ，洪水対策に重点が置かれた。大正以降は発電や灌漑などの水利用も盛んになった。

戦後は食料増産のための灌漑用水の供給，産業の復興にともなう電力需要の増大に対応するための，多目的ダムの建設を中心とした河川総合開発事業が利根川，北上川，木曽川等で計画実施されるようになった。この計画の中心は大規模ダムの建設であった。

1950年代以降産業の発達と，都市への人口の集中は河川の水質汚濁，都市用水の増大，都市河川の水害等の問題を引き起こした。

都市用水の増大に対し，ダム，河口堰等の建設が間に合わず，福岡，松山等多くの都市で降水量の少ない年には深刻な渇水問題が起こった。

近年は緑とオープンスペースとして河川は見直され，河川環境の整備が行われるようになった。

河川環境の特色は，流水と河原，高水敷の存在にあり，河川環境の管理の対象は，流水については水量，水質および流路形態であり，河原，高水敷については自然的環境の保全と利用である。しかし，河川管理の根本は治水，利水なので，それに調和するよう工事を行わなければならない。

河川に流入する汚濁物質が，河川の自浄化作用を上回ると，河川の水質は悪化する。溶存酸素が少なくなると，水中生物の生存に影響を与える。そこで対策として，下水道の整備，汚泥の浚渫，浄化用水の導入などによる流況の改善，礫などを入れて，酸素と接触させる等が行われている。

また，河道形態にも配慮する必要がある。水生生物にとっては河川が蛇行し，

瀬や淵が存在し，水深の浅い所，深い所，流速の速い所，遅い所など多様な流れがあるほうがよい．石狩川は鮭の産卵で知られるが，実際には河床に礫のある支川の豊平川で産卵する．

この他護岸にも，蛇籠など空隙のあるものにしたり，ダムや堰を造る際に，魚の種類に適した魚道を設ける必要がある．信濃川の妙見堰はその好例である．

日本の三大都市圏でみると，河川空間は約5%，一人当たりの面積は約39m^{2}である．都市化の進展により自然とオープンスペースの減少する中で，河川空間は都市に残された水と緑のオープンスペースとして，貴重なものとなっている．大阪の土地利用図を見ると，淀川がほとんど唯一の緑の空間であることがわかる．

これらの空間は防災上も重要で，阪神災害のとき建物の倒壊で多くの道路が救難に使えなかったが，河川を利用した船の輸送の役割は，予想以上に大きかった．この経験から最近は河港の整備が見直され，荒川では現在12ものリバーステーションとよばれる河港が造られている．

河川は本来，多様な面を持つ自然的存在である．河川との関係を良好に保つには単一の目的ごとに個別に対応するのではなく，河川の多様性を認識して総合的に対応する必要がある．

洪水に対する考え方も近年変化している．従来は堤防により洪水を完全に防ぐことを目指したが，どんなに技術が進歩しても洪水をなくすことはできない．洪水に対して，より現実的な対応を想定するほうが妥当である．堤防で完全に守るというより，ある程度の浸水を前提として被害を軽減しようとする方向に変わってきている．ハザードマップの整備など，住民にも理解を深めてもらう努力もなされている．

第3章の文献は60〜63ページに第2章とともに示した．

_# 4 気候

タヒチ島（大矢画）

第4章　気　候

1　気候地域

　気候を気温，降水量，その他の要素の組み合わせ，同質な地域ごとに分けることを気候の類型化という。しかし，類型化する際にどこで境界線を引くかということは大変難しい。たとえば等温線を使って区分するとしよう。しかし，等温線は1種類だけでない。平均気温，最高気温，最低気温など複数あり，それぞれが異なる境界線が引かれてしまう。また，観測地点が少ないと，空白の地域が多すぎて不正確になる。地形のように目に見えるものでないものを取り扱う難しさがここにある。

　気候学において，世界を気候区分する試みはすでに1800年代から始まっていた。当時は等温線，等雨量線が用いられていた。この分野において，気候区分の研究に生涯を捧げたKoppen（1846-1940）の業績を無視して語ることはできない。Köppenはそれまでの等温線や等雨量線の研究の結果が，各種の植物の分布としばしばきわめてよく対応するのを見出した。そして植物の分布を世界の気候区分の基にした。彼の研究手法はあくまで経験的なものであり，その経過には疑問や批判がある。しかし，気候区分を一目見てわかりやすい形で広く世に知らしめたということは，疑いようもなく彼の功績である。

　その後，de Martonne, A.Penck, C.Troll等の地理学者が，自然地理学的立場から気候区分を行い，優れた成果を上げた。農業など特定の目的に応じたものも作られた。その度に多くの改良もなされたが，未だもって完全なものは見当たらない。

　図4-1にC.Trollの気候地域図を紹介する。C.TrollはKöppenと同じく植生に重点を置くとともに，大陸性気候，海洋性気候，中間陸海混合性気候を基礎にして，5気候帯，31気候類型に区分している。

　すべての目的に適う究極の気候区分というものはあり得ないかもしれない。しかし，少しでもそこに近づくよう，今後の研究の発展が待たれている。

2　季節の起源

　地球の気候に季節があるのは，地球が球形で，地軸が軌道（黄道）面に傾いて太陽を公転しているからである。古代ギリシャ人はこのことをすでに知っていたようで，「気候」を意味する英語の"climate"，ドイツ語の"Klima"が『傾き』

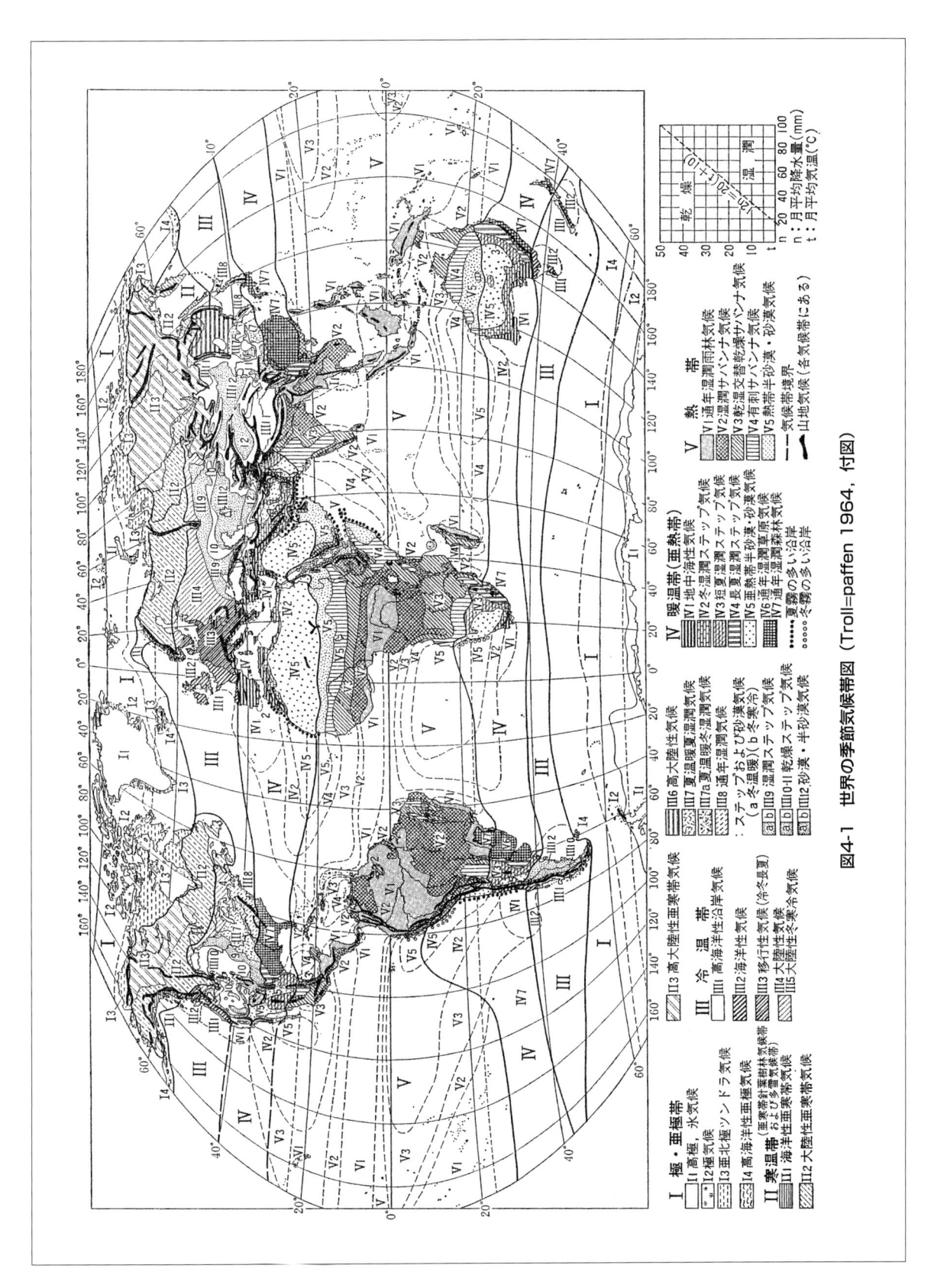

図 4-1 世界の季節気候帯図 (Troll=paffen 1964, 付図)

を意味するギリシャ語のクリマ"klima"を語源としている。

　地球は太陽の周りを楕円軌道を描いている。太陽にもっとも接近する点（1.47億km）は近日点，もっとも離れる点（1.52億km）は遠日点とよばれている（図4-2）。近日点の通過は1月3日頃で北半球の冬，遠日点の通過は7月6日頃で北半球の夏である。南半球の気候は北半球と全く逆となっている。しかし，寒暑は等しく起こらず，南半球の夏は北半球の夏よりも暑くなる。その理由は近日点が遠日点より太陽との距離が3.3％接近するので，日光の強さは南半球のほうが北半球より約6％も多くなるからである。

　また，地軸が23.5度傾いているので，太陽は赤道を中心に南北回帰線（緯度23.5度）の間を移動している（図4-2）。これにより太陽は，6月21日の夏至（南半球では冬至）の正午には北緯23.5度の北回帰線の真上に，12月21日の冬至の正午には南緯23.5度の南回帰線の真上にまで来る。3月21日の春分（南半球では秋分）と9月23日の秋分の昼には太陽は赤道の真上にある。

　1年を通じて地球の各緯度の受ける日射量が最大になるのは，太陽にもっとも近づき，昼がもっとも長くなる日の夏至であり，最少になるのは太陽からもっとも遠く，昼がもっとも短い冬至のときである。昼と夜の時間が等しい春分および秋分のときの日射量は夏至と冬至のときの中間値である（図4-3）。したがって，日射量は季節によって大きく変化する。

　緯度が66.5度から90度（極点）の間の地域は北半球なら北極圏，南半球なら南極圏とよばれる極圏である。極圏は，夏至のとき太陽が1日中沈まない「白夜」，冬至のとき太陽が1日中現れない「極夜」となる。この白夜と極夜の日数は極点に向かうにしたがって増える。北極点では，春分の日から秋分の日までの半年間は白夜，そして秋分の日から春分の日までの半年間は極夜となる。白夜の間，太陽は水平線上をさまよっていて，もっとも高くなる夏至でも23.5度までである。

　以上のことから，地球は緯度の違いによって次の3地域に大別できる。一つは太陽が真上（90度）まで来て，日射量の大量に得られる南北回帰線間の低緯度地域，2つは太陽の全く現れない日があって，日射量の著しく少ない極圏の高緯度地域，3つ目は前二地域の中間の中緯度地域である。

　上記の3地域は日射量で区分するとそれぞれ熱帯，寒帯，温帯の気候帯に対応する。熱帯では最高気温が50℃以上になることがあっても，寒帯は日射量が著しく少ないから気温がそこまで上昇することはない。逆に，寒帯の最低温度は−80℃以下になることがあっても，日射量の多い熱帯では気温がそこまで低下することはない。

　気候は水と陸の分布にも関係している。陸上における降水量の多少によって湿潤帯と乾燥帯とに分けられる。このように，気候とは気温，降水量，日照時間，湿度などの気象要素を総合した大気の平均の状態をいう。その状態は長い間にわたってほぼ一定の範囲内にある。そして，気温や降水量などの気候要素は，短期間では大きな変化を示すけれども，長期間で平均化するとかなり滑らかな曲線と

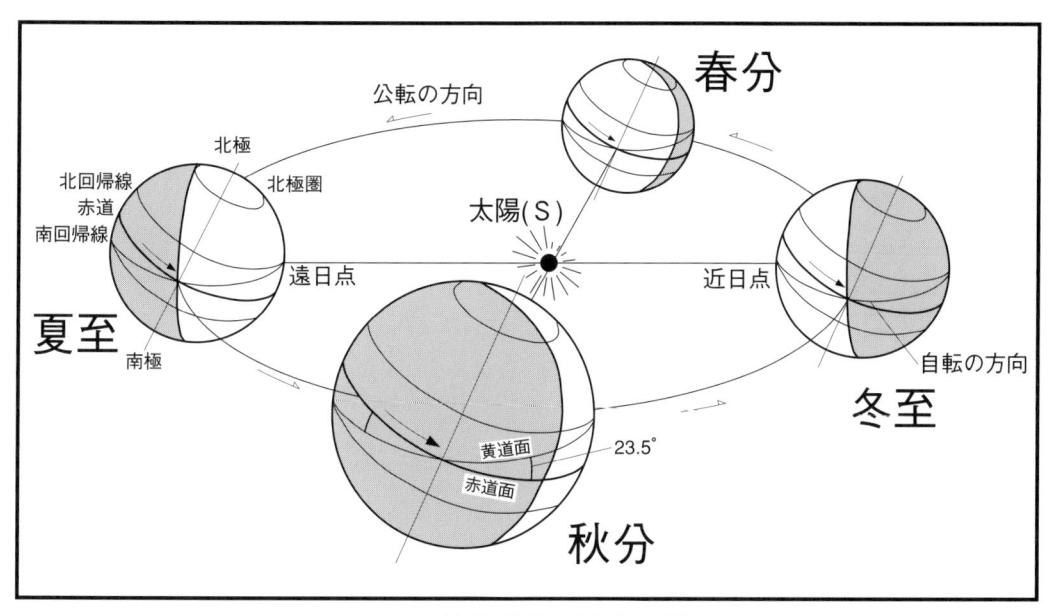

図4-2　地球の軌道と北半球の季節

地球は黄道面に対して23.5度傾いて自転しながら太陽の周りを公転している。灰色の半球は夜。春分から秋分までの半年にわたり北極点は白夜だが，夏至の日には北極圏全域が白夜になる。

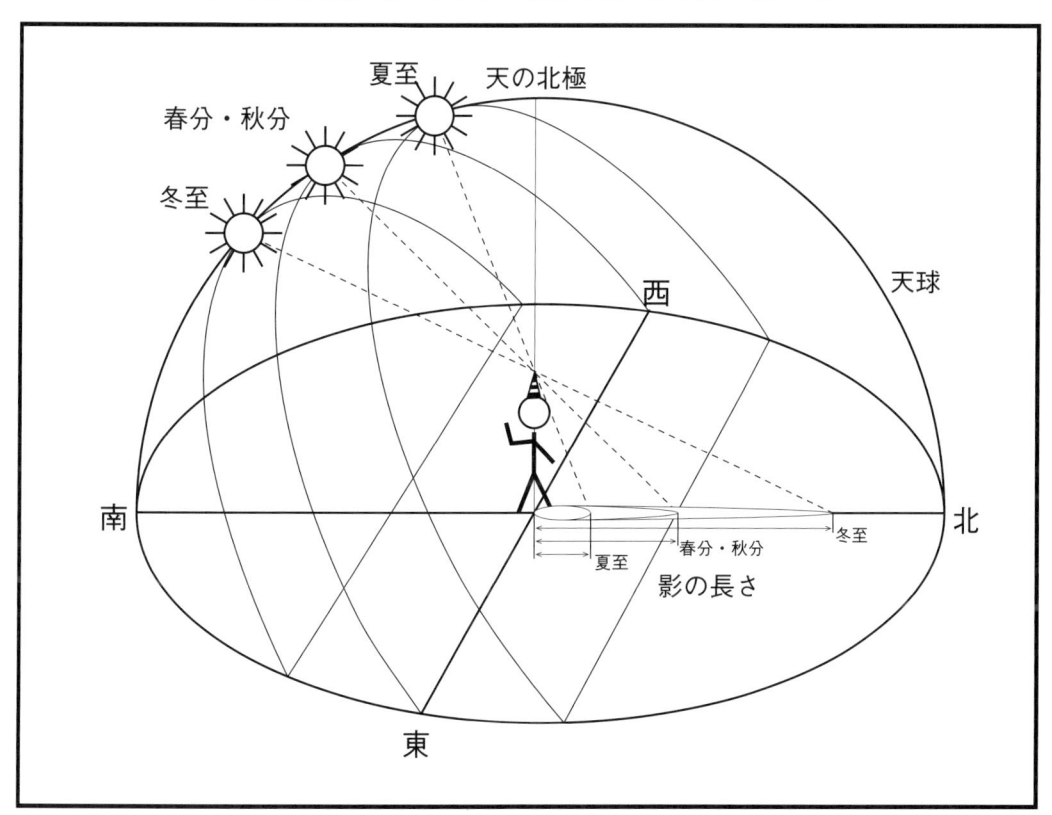

図4-3　季節別の太陽高度と影の長さ（北緯40°の地点の場合）

春分・秋分の日は太陽の中心が真東から出て真西に沈むのでどの緯度でも昼と夜の長さが同じ12時間である。それ以外の日だと昼の長さは異なり，北緯40度で冬至が9時間8分，夏至が14時間52分となる。

なる。しかし，気候は長い間にある程度の変化を行っていると考えられるので，平均値をとる期間があまりに長いと意味がなくなる（福井,1971）。そこで世界気象機関は最近30年間，現在では1971～2000年の平均値を気候値とし，10年ごとに変えている。次の平均値の期間は1981～2010年となる。異常気象は気候値から著しくずれた状態と定義されている。

3　気　温

3-1　平均気温

　地球は大気の上端で，太陽の放射線に垂直な平面が平均して1 cm² 当たり毎分約2 calの太陽放射エネルギーを受けている。この値は太陽定数という。このうち，約30％が大気で反射し，残りの70％が大気や地表に吸収される。この反射率30％のことを地球のアルベド（albedo）という。一方，地球も宇宙空間に向かって熱エネルギーを放射している。これを地球放射という。地球大気が吸収する太陽放射と放出する地球放射とがつり合っているので地球の表面温度は一定状態に保たれている。この温度は放射平衡温度といい，約−18℃（255K）である。　＊1

＊1　Kは絶対温度を示し，原子・分子の熱運動が完全になくなり，完全に静止すると考えられる温度を最低の零度（0 K）とし，摂氏温度−273.16℃と定めている。すなわち，摂氏温度0 ℃は絶対温度で273.16 Kである。ところで，宇宙の温度は絶対温度で約3 K（−270℃）である。

　実際に観測されている地球表面の平均温度は約15℃（288K）で，大気上端での地球の放射平衡温度−18℃（255 K）より33℃も高い。これは地球大気が温室の役割をしているからである。大気中の水蒸気H_2Oや二酸化炭素CO_2は太陽放射をほとんど透過するが，赤外線放射はよく吸収する。地表に到達した太陽放射は地表を暖め，赤外線として放射している。赤外線放射はいったん大気に吸収されて，大気を暖めている。これを大気の温室効果（greenhouse effect）という。大気は温室のガラスと同じ効果を果たしている。

　大気は，主成分の窒素と酸素だけで全体積の99％を占め，二酸化炭素量はわずか0.03％である（表4-1）。しかし，わずかでも大気中の二酸化炭素が減少すると地球表面は凍結するが，二酸化炭素が増加すると，地球大気は高温となる。生物は大気の微妙な釣り合いの下で生存している。近年の人間活動による二酸化炭素の増加は地球温暖化を招き，海水面の上昇や気候変動をもたらすものとして危惧されている。

　ハワイ島マウナロア山頂（4,169 m）での観測よれば，大気中の二酸化炭素（CO_2）濃度は観測を開始した1958年以来約15％増加している（図4-4）。大気中のCO_2濃度の増大は化石燃料の燃焼（年間約60億トン）によるものである。国連の「気候変動による政府間パネル（IPCC）」の第3次報告書（2001）は，21世紀末

表4-1 乾燥空気の組成

成　分	体　積%
窒　素（N_2）	78.08
酸　素（O_2）	20.95
アルゴン（Ar）	0.93
二酸化炭素（CO_2）	0.03
その他	0.01

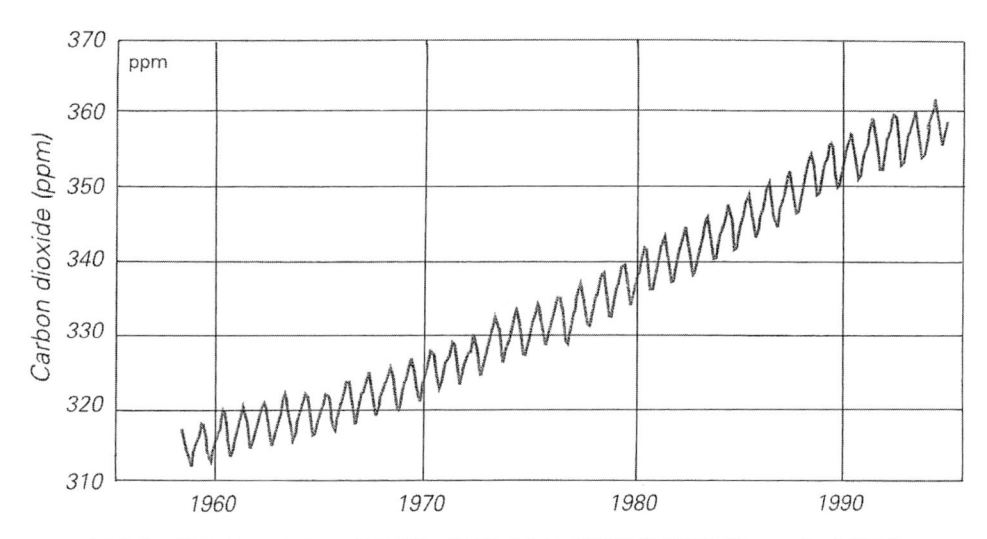

図4-4　ハワイのマウナ・ロア山頂における大気中の炭酸ガス濃度（Russell，1998）

オアフ島ホノルル市ワイキキ海岸　ハワイの冬は雨期であるので緑が濃い（大山2002年1月撮影）

ダイヤモンドヘッドとワイキキ海岸　北半球の1月だが北回帰線の南にあるハワイは常夏である（大山2002年1月撮影）

にはCO$_2$濃度が540〜970ppmに達し，全地球の平均気温が1.4〜4.5℃上昇すると予測している。

3-2　大気圏の温度と気圧

　地球を取り巻く大気の垂直構造は下層から，対流圏，成層圏，中間圏，熱圏と区別されている（図4-5）。熱圏の上は外気圏と呼んでいる。その境は一般的に500kmくらいとしている。大気は地表から上空に行くにしたがい薄くなり，真空の宇宙と接している。地球大気全体の質量は5×10^{18}kgである。その大部分（95％）は高度20kmまでの高さに存在し，高度500kmになると大気密度は地上の1兆分の1以下で，ほとんど真空に近い。気象観測の人工衛星は大気（空気）抵抗のほとんどない高度700〜1,000kmを航行している。対流圏の上限は約11kmである。対流圏は地表面の影響を直接受ける地表から1〜2kmの大気境界層と地表面の影響を受けない自由大気に分類される。雲，雨，台風などの天気の変化はほとんど対流圏内で起きている。対流圏内の気温は高度1kmについて約6.5℃の割合で低下している。これを気温の減率（気温逓減率）とよぶ。気温逓減率は世界どこでも同じである。これは対流圏内の空気がその名の通りよく混合しているからである。地上の温度は平均すると15℃であるが，高度2,300mくらいで0℃になる。国際線飛行機は雲の発生限界よりも上の高度11km付近を航行している。地上が曇天の日でも飛行機の窓から見る外の世界は青空と下に太陽に照らされたまばゆい雲海となっていて穏やかで暖かそうであるが，気温はおよそ−50℃である。

　対流圏の上部11〜50kmは成層圏である。対流圏と成層圏の境は対流圏界面とよんでいる。成層圏の気温は高度20kmくらいまで約−57℃と一定しているが，それより高度を増すと上昇する。気温は高度50km付近で極大（約−3℃）となる。成層圏はその名からもわかるように，大気が層状に分布し，濃度の変動が小さい。成層圏の上は気温が再び低下する中間圏で，高度約80kmまで続いている。中間圏の上部は熱圏である。熱圏はその名の通り温度の高い層である。これは主に太陽放射エネルギーを熱圏の電離した窒素・酸素原子が吸収するためである。

　中間圏以下の大気は混合によって，その組成はほぼ均質である。中間圏以上になると重い分子と軽い分子とで分離を始め，分子による層構造をなしている。主成分は高度100kmまでが窒素，170kmまでが酸素，1,000kmくらいでヘリウムである。その上になると一番軽い水素が大部分となっている。

　気圧は海面高度で一気圧（1013 hPa），密度は1.225kg/m^{3}である。これらは高度とともに指数関数的に減少している。高度11km付近になると，およそ気圧は0.24気圧，大気密度は0.37kg/m^{3}と地表の約1/3となる。

　酸素分子（O$_2$）は太陽放射の紫外線にあたるとオゾン（O$_3$）をつくる。大気中のオゾン（O$_3$）は高度25km付近を中心に成層圏に分布し，オゾン層を形成している。オゾン層は太陽放射エネルギーを吸収するので大気が加熱される。その

図4-5　大気圏とその温度分布

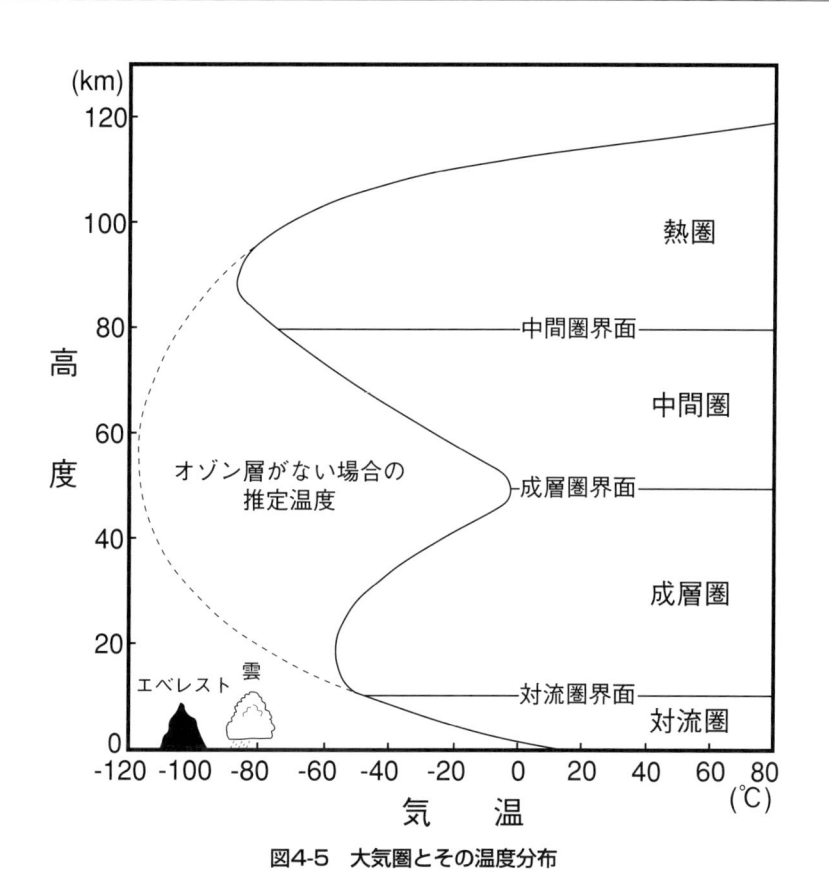

図4-6　春・秋分時の緯度と太陽放射熱量（受熱量）の関係

加熱の極大が高度50km付近にあることから成層圏界面での温度上昇がもたらされる。したがって，もしオゾン層がなければ高度50km付近の高温層がなくなり図4-5の点線で示されるような温度構造をなすと考えられている。

高度100kmより上層は窒素と酸素が太陽放射の紫外線によって電離した状態になり，電離層を形成している。極圏で見られるオーロラは主に太陽からくる帯電微粒子による電離層での発光現象である。

3-3 緯度と気温

気温とその年変化（年較差）は緯度と場所によって大きく異なる。月平均気温の最低と最高をみると，北極圏に位置するオイミャコン（ロシア）の月平気気温は1月が－45.9℃，7月が14.3℃で，年較差が60.2℃にもなる（表4-2）。一方，赤道に近いシンガポールは12月が26.3℃，6月が28.3℃で年較差がわずか2℃である。赤道付近は年間を通して26～28℃といつも夏の状態にある。年較差は極に近づくにしたがい大きくなり，季節が明確となる。なお，観測された世界最高気温はイラク南部のバスラの58.8℃（1921年7月8日），最低気温は南極大陸のロシアの観測基地ボストーク（標高3,488m）の－89.2℃（1983年7月22日）である。その気温差は148℃にも達している。日本では最高が山形盆地の40.8℃（1933年7月25日），最低が旭川の－41.0℃（1902年1月25日）で，その差は81.8℃である。山形の最高気温は後述するフェーン現象によるものである。

気温と年較差が緯度によって異なるのは地球が球形で，地軸が傾いて太陽の周りを公転していることに関係している。太陽からの1m²当たりの放射熱量（受熱量）は，赤道で100%の時（春分・秋分の正午），京都や東京付近で83%，ノルウェーのオスロー付近で50%と半分になる（図4-6）。地表での受熱量は太陽に対して斜めになるほど少なくなる。日常的には太陽のもっとも高くなる正午ともっとも低い朝夕，夏至と冬至（図4-3）とで経験することである。

赤道付近は年間を通して正午の太陽位置が真上前後にあり，受熱量がほぼ一定している。このため，赤道付近の気温は年間を通して高く，一定している。極地域は，夏には受熱量が赤道付近の半分以下なり，冬には日の当たらない極夜となる。加えて地表面の多くが年間を通して反射率（アルベド）の大きい雪や氷（表4-3）に覆われているので，気温がいっそう低くなる。

4 大気大循環

赤道域と極域との大きな温度差と地球の自転の結果，大気は大循環している。大気大循環には南北循環と東西循環がある。モンスーンは季節によって風向が変わる地域風だが，日本を含む東南アジアの気候を語る上で欠かせないものである。

4-1 南北循環

表4-2 各地の気温(℃)と降水量(mm)（1971-2000年の平均（国立天文台編,2001））

都市	オイミャコン		シンガポール		ローマ		ホノルル		チュラプンジ		東京	
緯度	63度15分		1度22分		41度48分		21度21分		25度15分		35度41分	
標高m	741		5		2		2		1312		6	
月	気温	降水	気温	降水	気温	降水	気温	降水	気温	降水	気温	降水
1	−45.9	7.5	26.4	184.8	8.4	74.0	22.7	68.7	11.5	10.6	5.8	48.6
2	−42.2	6.7	27.0	120.2	9.0	73.9	22.8	58.7	13.0	44.8	5.1	60.2
3	−32.3	4.3	27.5	138.1	10.9	60.7	23.6	48.6	16.2	228.6	8.9	114.5
4	−14.0	5.7	27.9	122.6	13.2	60.0	24.4	28.2	18.2	787.9	14.4	130.3
5	2.4	11.7	28.2	170.4	17.2	33.5	25.3	20.0	19.2	1104.3	18.7	128.0
6	12.0	33.0	28.3	137.0	21.0	21.4	26.5	10.5	20.2	1977.1	21.8	164.9
7	14.3	46.7	27.9	159.8	23.9	8.5	27.0	12.1	20.1	2982.1	25.4	161.5
8	10.2	37.9	27.7	156.3	24.0	32.7	27.6	10.6	20.6	1773.8	27.1	155.1
9	1.6	21.2	27.6	191.4	21.1	74.4	27.3	19.3	20.3	1005.4	23.5	208.5
10	−15.3	15.4	27.5	134.1	16.9	98.2	26.6	51.3	19.4	440.7	18.2	163.1
11	−36.7	11.6	26.9	272.5	12.1	93.3	25.1	42.6	16.5	64.4	13.0	92.5
12	−45.7	7.5	26.3	299.8	9.4	86.3	23.6	58.5	12.9	29.5	8.4	39.6
年平均	−16.0	209.1	27.4	2087.1	15.6	716.9	25.2	429.2	17.3	10449.3	15.9	1466.7
年較差	60.2	42.4	2.0	179.6	15.6	89.7	4.9	58.2	9.1	1114.0	21.3	159.9

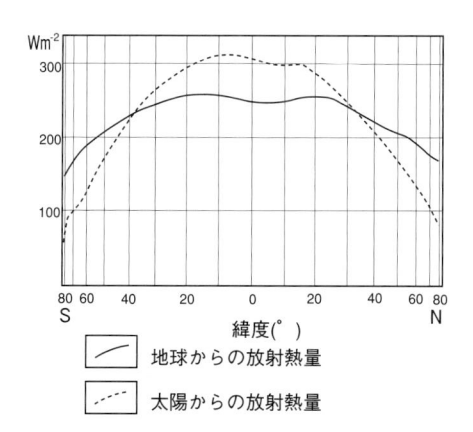

図4-7 地球が吸収する太陽放射熱量と地球放射熱量の緯度分布（小倉，2000）

― 地球からの放射熱量
---- 太陽からの放射熱量

表4-3 地表面の反射率（新田，1986）

地表面の状態	反射率(%)
水　面	2〜4
森　林	3〜10
畑　地	3〜15
牧草地	15〜30
砂　漠	15〜25
氷	50〜70
新　雪	80

全地球規模で見ると，地球の受け取る太陽放射の熱量と出ていく地球放射の熱量は等しく，熱量の収支は釣り合っている。しかし，各緯度で見ると熱量の収支は釣り合っていない（図4-7）。熱量の収支は，緯度35度付近を境にして低緯度では入ってくる熱量のほうが出ていく熱量よりも多いのでプラス，高緯度では逆になるのでマイナスである。したがって，赤道を中心とする低緯度で暑く，極を中心とする高緯度で寒くなる。しかし，熱収支がたえずプラスの低緯度の気温は年々一方的に高くならず，逆にマイナスの高緯度の気温は一方的に低くなっていない。時たま極圏で-80℃以下，赤道付近で$+50$℃以上を記録することがあるが，各緯度の気温はほぼ一定の範囲内にある。これは大気と海洋の大循環によって，低緯度の過剰熱量が不足している高緯度に運ばれ，高緯度の冷たい大気と海水が低緯度に運ばれることによって気温の平均化作用が働いているからである（図4-8）。

　赤道付近の低緯度の大気は地球上でもっとも加熱されている。加熱された大気は膨張し，軽くなって上昇する。このため，下層は上昇流に吸い取られるので低圧部，高層は上昇流に押されるので高圧部となる。一方，高緯度の大気は反対に冷やされて収縮するので重くなって下降する。高緯度は上層が下降流に引っ張られるので低圧部，下層が下降流によって押されて高圧部となる。水が高いところから低いところへ流れるように，大気は高気圧から低気圧に向かって流れる。南北の低圧部と高圧部の存在は，赤道付近の温かい大気が上層を通って高緯度に流れ，高緯度の冷たい大気が下層を通って赤道に向かう流れを生じさせている。こうして対流圏内の大気は混合して熱のバランスをはかり，気温を一定範囲内に保っている。実際の大気の循環はもう少し複雑であるが，おおよそは図4-9である。

　大気上昇のもっとも活発な赤道付近は熱帯収束帯（赤道低圧帯），大気の下降する緯度20〜30度あたりの中緯度は亜熱帯高気圧帯という。熱帯収束帯と熱帯高気圧帯との間の大気循環はハドレー循環とよぶ。南北循環にはこの他に緯度30度付近で下降し，緯度50〜60度で上昇するフェレル循環，極地方の地表面に沿って中緯度に向かう極循環がある（図4-10）。

＊2

＊3

＊2　熱帯収束帯（Intertropical Convergence Zone）は従来，南北両半球の貿易風が相会する不連続線を熱帯前線とよんでいた。ところが，両気団の物理的性質の差がほとんどないので，これは前線ではなく風向の異なる気流が収束しているにすぎないことから，このように言うようになった。
＊3　ハドレーとフェレルは人の名前に因んでいる。イギリスの気象学者ハドレー（G.Hadley,1685-1768）は極と赤道間の温度差によって赤道付近で大気が上昇し，極で大気が降下して南北間で地球規模的に大循環をしていることを1735年に提唱した。その後，アメリカの気象学者フェレル（W.Ferrel,1817-1891）は南北間の大気循環には3つの循環（cell）からなっていて，間接循環のあることを理論的に示した。

　海域にある熱帯収束帯は水を大量に含んだ温かい空気が上昇している。空気が含むことのできる水量は温度に依存している。たとえば，大気が最大に含めるこ

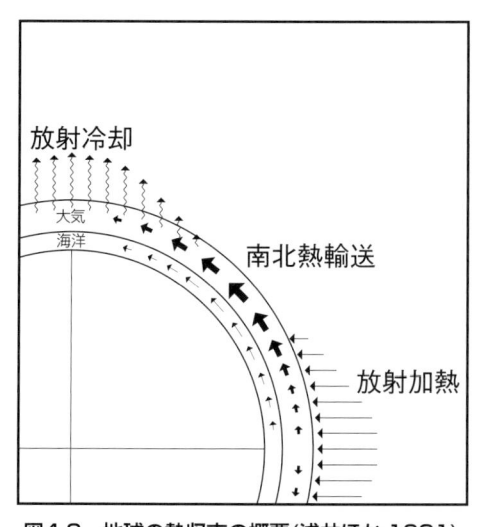

図4-8 地球の熱収支の概要(浅井ほか,1981)

タクラマカン沙漠 タクラマカン沙漠はヒマラヤ・チベット山塊からのフェーン現象と中緯度高圧帯に位置することによって形成されている。全域のほとんどは細かい砂に覆われていてわずかにオアシスが点在する（人物は大山1999年8月撮影）

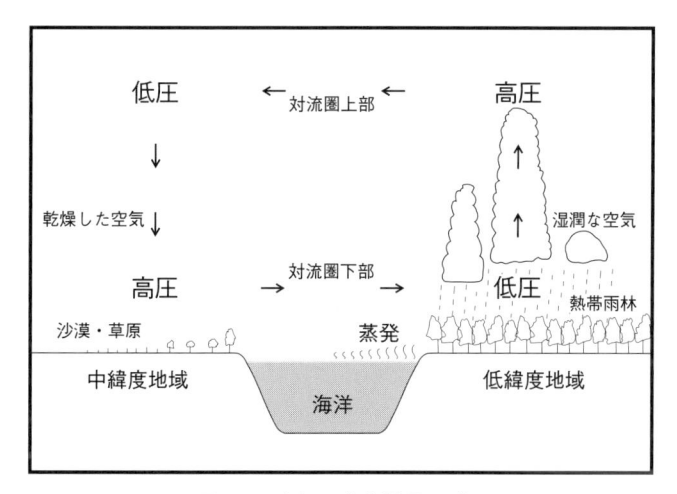

図4-9 大気の南北循環モデル

大気は、高温な低緯度地方で上昇し、中緯度で下降して循環している。この大気大循環により低緯度の熱い空気と高緯度の冷たい空気が混合して地球の気温を一定にしている。低緯度地域は湿潤な空気によって熱帯雨林が，中緯度地域は対流圏上部を流れる間に乾燥した空気が吹くので沙漠・草原となる。

とのできる水量，これを飽和蒸気密度というが，大気1m³当たり0℃だと約5g，30℃だと約30gとなる。飽和蒸気密度に達している空気が30℃から0℃に下がったとすると，その空気は5g/m³の水分しか含めないので，25g/m³の水分が大気から凝結して絞り出される。この水が大気中で雲となり，そして雨となる。

　熱帯収束帯では上昇による温度低下で大気から大量な水が吐き出されて雨となって降り注ぎ，熱帯雨林気候が発達している。一方，水分の多くが除去された大気は高緯度に向かって流れている間にさらに冷やされて水分を落として乾燥化し，そして重くなり，緯度20～30度で下降流となる。下降流は高度差100mで0.6～1.0℃上昇するので，下層の水分を奪ってしまう。亜熱帯高気圧帯は晴天で，たえず暖かい乾燥した空気が流れてくるので，陸ならば乾燥気候や沙漠気候が発達する。緯度20～30度に北半球のサハラ沙漠やアラビア半島のネフド沙漠，南半球のチリのアタカマ沙漠や南アフリカのカラハリ沙漠など沙漠が多いのは暖かい乾燥した気流によるものである。日本列島は亜熱帯高気圧帯にあたる北緯20～40度に位置しているが，乾燥・沙漠地帯とならないのは海に囲まれ，暖流の流れる大陸東岸側にあるので水分が絶えず供給されているからである。

4-2　東西循環

　大気は地表では無風でも地球とともに東に向かって回転している。大気の東西方向の主な大循環には低緯度の貿易風と高緯度の偏西風とがある。

貿易風：地球は球形で，東に向かっておよそ24時間の周期で自転している。地表面の回転速度は赤道だと1周約40,000kmなので約460m/sec，緯度30度で約400m/sec，緯度60度で約230m/secと高緯度になるにつれて遅くなっている。南北循環によって低緯度から中緯度に向かった大気が中緯度の亜熱帯高圧帯から地表面に沿って低緯度に戻ろうとすると，宇宙から見ると真っ直ぐ南に向かっているのではあるが，低緯度の地表はすでに東に進んでいて，着いたところが目標地点（出発点）より西にそれてしまう。したがって，低緯度に向かう大気は相対的に東向きの風，北半球なら北東風となる。このように南北方向に動く物体には右にそらせるような力が働いているように見える。この見かけの力はコリオリの力という（図4-11）。コリオリの力は，北半球では進行方向に対して右向きに働き，南半球では左向きに働く。亜熱帯高圧帯から赤道に向かう北東風は地球上で一番変化が小さく，穏やかに一定方向に吹くので貿易風とよばれている。北半球は北東貿易風，南半球は南東貿易風となる（図4-10）。なお，貿易風は東方向から吹く風なので偏東風ともよばれている。 ＊4

＊4　貿易風の名称は英語の"trade wind"の訳語である。tradeは本来「道」を意味し，trade windとは「一定の方向に吹く風」を意味していた。貿易風としたのはtradeを貿易と直訳したことに由来する。

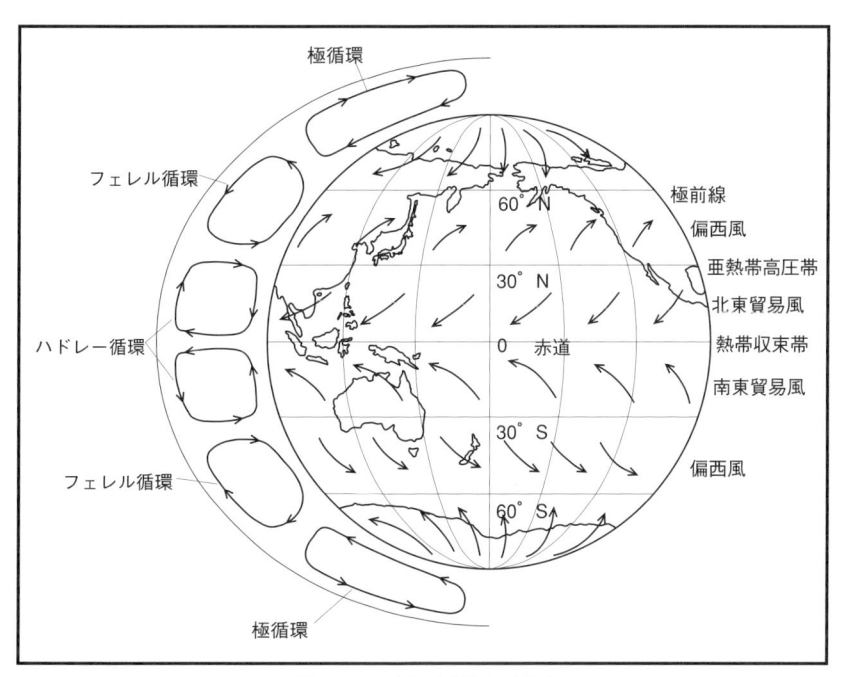

図4-10　大気大循環の概要

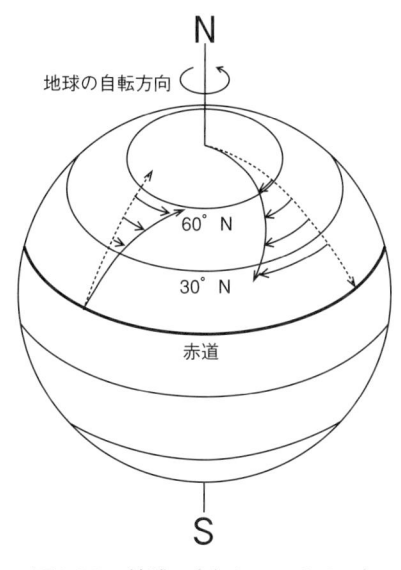

図4-11　地球の自転とコリオリの力

チベット高原　世界の屋根ともいわれる標高4,000～5,000mのチベット高原には木はほとんどなく、短い草が大地を覆っている。10月から4月にかけては厳しい寒さとなる。そこでは寒さに強いヤクや羊の牧畜が主要な産業として営々と続けられている。
（大山2002年9月撮影）

偏西風：亜熱帯高圧帯より高緯度の30〜50度の対流圏上部は偏西風帯である。この地帯は高温の低緯度と寒冷な高緯度に挟まれて，南北の気温差が大きい。偏西風はこの南北の大きな温度差によって駆動され，極を中心にして西から東に向かう流れである。偏西風は一直線に東に向かって流れているのではなく，南北に大きく蛇行しながら地球を一周している。この南北方向の蛇行によって南の暖かい空気と北の冷たい空気が混合している。

　偏西風の速度は高度を増すにしたがい速くなり，対流圏界面付近（高度約12km）で最大となる。この対流圏界面付近に吹く偏西風の中で風速のとくに速い部分は「ジェット気流」とよばれている。ジェット気流の速度は20〜50m/secであるが，緯度40度付近（日本だと盛岡）でもっとも早く，冬には100m/secに達することがある。このため，高度11km付近を航行する東京－ハワイ間（距離約6,160km）の飛行機はホノルルに向かうとジェット気流に押されて約5時間で着くが，逆にホノルルから東京に向かうとジェット気流に逆らうので約9時間もかかってしまう。

　ジェット気流は冬季になると南北両半球にそれぞれ平均して2本存在する（図4-12）。赤道よりは亜熱帯ジェット気流，極よりは寒帯前線ジェット気流という。亜熱帯ジェット気流の経路は黒い線で示されるように安定している。一方，寒帯前線ジェット気流は斜線で示すような範囲を南北に大きく移動しながら東に向かっている。2本のジェット気流は日本の上空でのみ一致することがある。これは標高5,000〜8,000mのヒマラヤ・チベット山塊の存在によって生じる現象である。南半球の2本のジェット気流は合流することはない。日本上空の西風が世界でもっとも速いのはジェット気流が合流するからである。

　ジェット気流の存在が知られるようになったのは第二次大戦中である。アメリカ空軍のB29爆撃機が日本本土を攻撃するため上空10kmを航行していてしばしば強い西風に遭遇したことによる。しかし，アメリカ空軍より前に日本陸軍は偏西風の存在を知っており，「風船爆弾」と称する焼夷弾を付けた気球を飛ばし，偏西風に乗せてアメリカ本土を攻撃した。風船爆弾は5〜6日間でアメリカ大陸に到達したと推定されている。

4-3　モンスーン

　モンスーンとは「季節」を意味するアラビア語のマウシム"Mausim"に由来している。アラビア海の海上の風向は夏と冬とで逆転している。そこでこの逆転する季節風をモンスーンとよぶようになった。インド洋ではモンスーンを利用した航海が紀元前2000年から行われていたといわれている。

　インド洋およびインド・東南アジアにおいて，夏は南西から暖かく湿った空気が吹くので雨季となる（図4-13）。一方，冬には東北から冷たく乾いた空気が流れてくるので乾季となる。農業中心のインド・東南アジアでは雨季をモンスーン

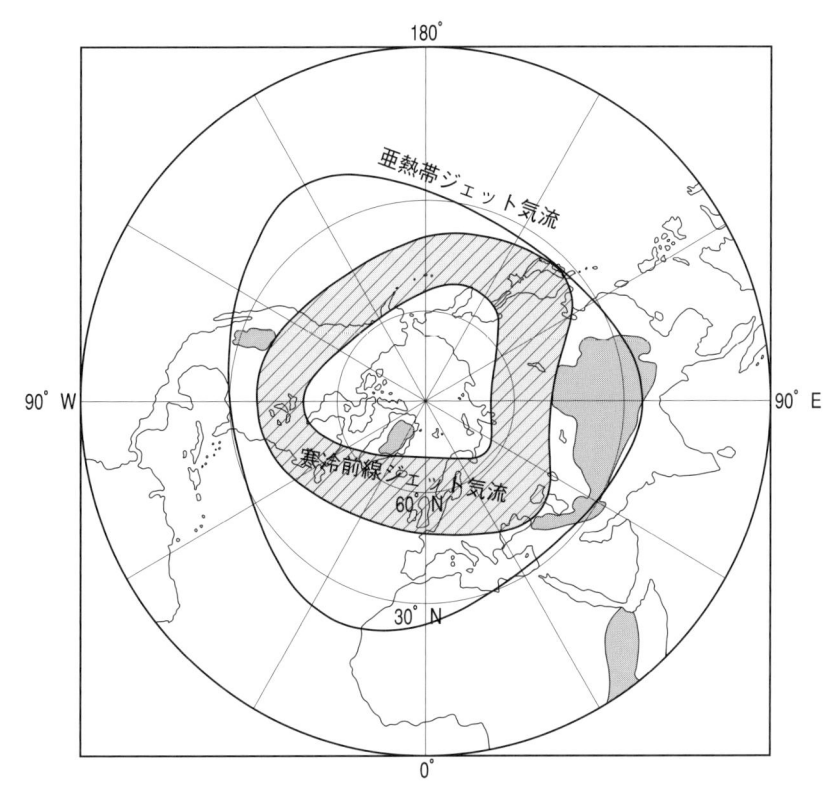

図4-12 冬季の平均的なジェット気流の位置（駒林・中村,1980）

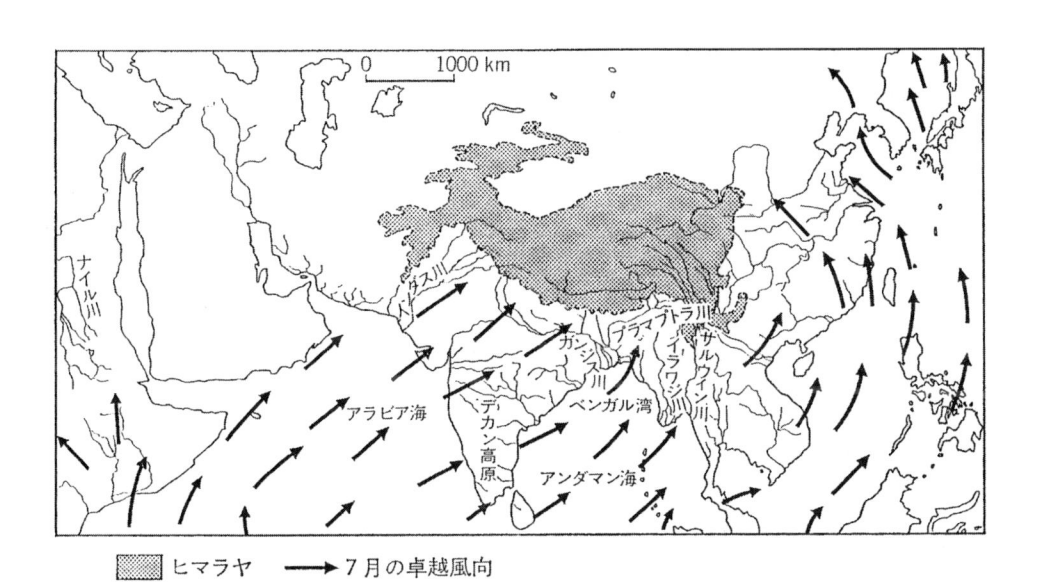

図4-13 モンスーンアジアにおける夏季の卓越風向（安田,1987）

と定義している．インド全域がモンスーンに入るのは6月初旬以降である．

　熱帯では気温の変化が小さく，気温による四季がないので，季節とは雨季と乾季である．雨季と乾季の変化や季節風は世界各地にもあるが，アジアがもっとも明確で，雨期になると降雨が激しいことからモンスーンといえばアジアモンスーンを指している．

　アジアモンスーンが起きるメカニズムには地形配置の特殊性があげられる．地球の表面を見ると，南北太平洋，南北アメリカ大陸，南北大西洋，ヨーロッパ・アフリカ大陸は北半球・南半球のいずれもそれぞれ海洋と海洋あるいは陸地と陸地となっている．ところが，アジアのところのみ北半球が陸地で，南半球が海洋（インド洋）で占められていて非対称である．その陸地には世界の屋根といわれる標高8,000m級のヒマラヤ山脈と平均標高5,000mのチベット高原がそびえている．

　水と岩石を比べると，水は温まりにくく，冷めにくいが，岩石は容易に温まり，そして冷める．これは水の熱容量が約 1 cal/gに対して岩石の熱容量が約0.19cal/gと約5倍も大きいからである．アジアモンスーンが大規模な南北循環となるのは熱容量の大きく異なる海と陸との熱的コントラストに加え，ヒマラヤ・チベット山塊の存在である．この山塊は夏になると太陽にもっとも近くなるから太陽放射をもっとも受けて高温部となり，冬に太陽から遠ざかるので低温部となり，海洋と大陸の間に大きな温度差を生じさせる．

　夏のモンスーンは次のようなメカニズムとなる（図4-14）．北半球が夏のとき，南半球は冬である．南半球のインド洋上の空気は冷やされて重くなり，高気圧となっている．北半球の大陸上の空気は暖められて軽くなり，低気圧となる．上層の気圧は大陸がインド洋より高くなる．インド洋と大陸の気圧差は，上層では南向き，下層では北向きの気流が生じる．北上する大気にとってヒマラヤ山脈は障壁となるので，山脈の南側に上昇気流，アラビア海とアンダマン海に強い南西風を強制している．北上する空気はインド洋から水分を十分吸い込でいるので，インド，ヒマラヤ山脈の南側，東南アジアに多量の雨をもたらす．たとえば，インド・アッサム地方のチェラプンジでは半年間（1861年4〜9月）の降雨が22,400mmを記録（世界最大）している．一方，ヒマラヤ山脈を上昇してきた気流の一部はチベット高原の北側で下降し，昇温と乾燥空気によってタクラマカン沙漠を形成している（村上，1993）．

　インドの冬のモンスーンは夏のモンスーンの気流と逆になる．ヒマラヤ・チベット山塊は冷やされて高気圧帯となり，冷たい乾いた空気がヒマラヤ山脈を吹き下ろし，夏となっている南半球のインド洋海上で温められ上昇して循環している．気流はアラビア海・アンダマン海に北東風，インド洋上に北風となる．

　海流は1年を通していつも同じ方向に流れているのであるが，インド洋の低緯度海域だけは様子が異なっている．北半球の夏季には南西モンスーンの風が吹くことにより南西季節風海流が東に向かって流れ，北半球の冬季には北東モンスー

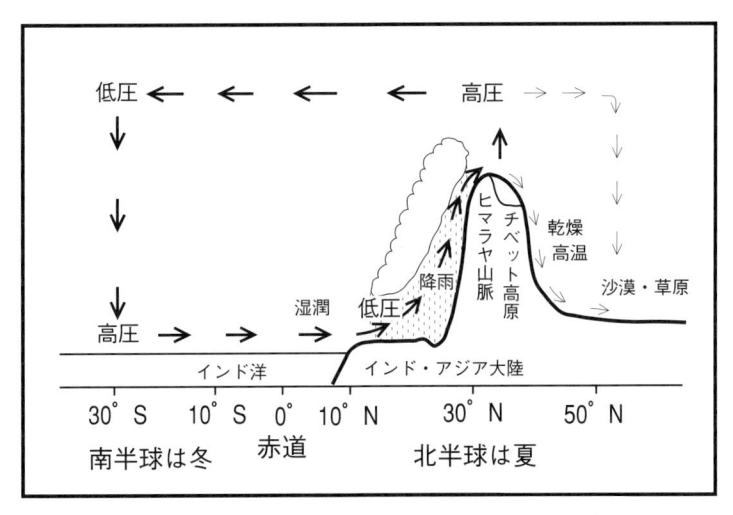

図4-14 夏のモンスーンモデル(村上，1993; 改変)

夏、北半球の大気はヒマラヤ山脈・チベット高原で熱せられて上昇し、冬の南半球で下降する。
インド洋・ベンガル湾からの温暖・湿潤な大気は東南アジアに多量の雨をもたらす。一方、タリム盆地・モンゴル地域はフェーンで沙漠・草原となる。

雨季のコーラート高原（タイ）　水田で緑一色に覆われている（大矢1967年7月撮影）

乾季のコーラート高原（左の写真とほとんど同じ場所で撮影）　土壌はひび割れが起こり耕作不能
（大矢1967年2月撮影）

ンの影響で南西季節風海流が消えて北東季節風海流が西に向かって流れている。アジアモンスーンは風のみならず海流の向きも夏と冬とで東と西に逆転させるほど強い風である。

　日本の冬のモンスーンはシベリアに発達したシベリア高気圧から吹いてくる北西風の寒気である。この風はヒマラヤ・チベット山塊が障壁となって，東に出口を求めて強い寒風となる。北海道から本州では北西風，南西諸島から台湾には北東の風となる。シベリア高気圧はヨーロッパにも張り出してヨーロッパ東部にも寒気をもたらしている。

5　地域風（局地風）

5-1　地形性降雨とフェーン現象

　風も山の斜面を上昇するとエネルギーを消耗するので，風の大気温度は低下する。その低下率は高度100m当たり，湿った大気だと約0.6℃，乾いた大気だと約1℃である。前者は湿潤断熱減率，後者は乾燥断熱減率とよんでいる。

　湿った風が山の斜面を上昇すると，大気中の湿気が温度低下で凝縮して雨となって斜面に降り注ぐ。風がさらに昇ってゆくと気温はますます低下し，大気中の湿気も次第になくなり乾いてくる。風が山を越えて降下すると，逆にエネルギーを獲得して温度上昇となる。乾いた大気は高度100m当たり約1℃の上昇となるので，下降流は熱い乾いた風となる（図4-15）。湿った風がたえず吹いている山の風上側は雨の多い森林地帯，山の風下側は晴れて乾燥地帯となる。

　山の斜面を上昇する大気からもたらされる雨は「地形性降雨」とよび，乾いた熱い下降気流を「フェーン」とよぶ。フェーンとはスイス・アルプス越えに生じる局地風のことであったが，今では一般的な名称となっている。下降気流による著しい気温上昇と乾燥はフェーン現象とよび，山火事を起こすことがある。

　地形性降雨とフェーン現象は山地で起きる。ハワイ諸島のカウアイ島の東側は世界でももっとも湿潤な場所の一つで年平均降水量が10,000mmを越すが，その反対の西側は大変乾燥し，一部は砂漠化している。これは太平洋の湿気を含んだ北東貿易風がカウアイ島の山地を乗り越えることによって生じる。規模の大きなものとしては，夏のモンスーンでインド洋から吹いてきた湿った温かい風がヒマラヤ山脈の東斜面に大量の雨をもたらし，標高8,000mの山脈を越えチベット高原を流れる間に乾燥して北の中央アジアに沙漠地帯を形成している。日本列島も冬には北西季節風が吹いて日本海側に豪雪，太平洋側に晴天と乾燥の天気となり，一種のフェーン現象が起きている。

＊5

＊5　カウアイ島のワイアレアレ山（1,569m）はこれまで年降水量15,850mmを記録している。東麓には王族の結婚式場で有名なシダの洞窟がある。ワイアレアレとは「あふれる水」を意味するハワイ・ポリネシア語である。

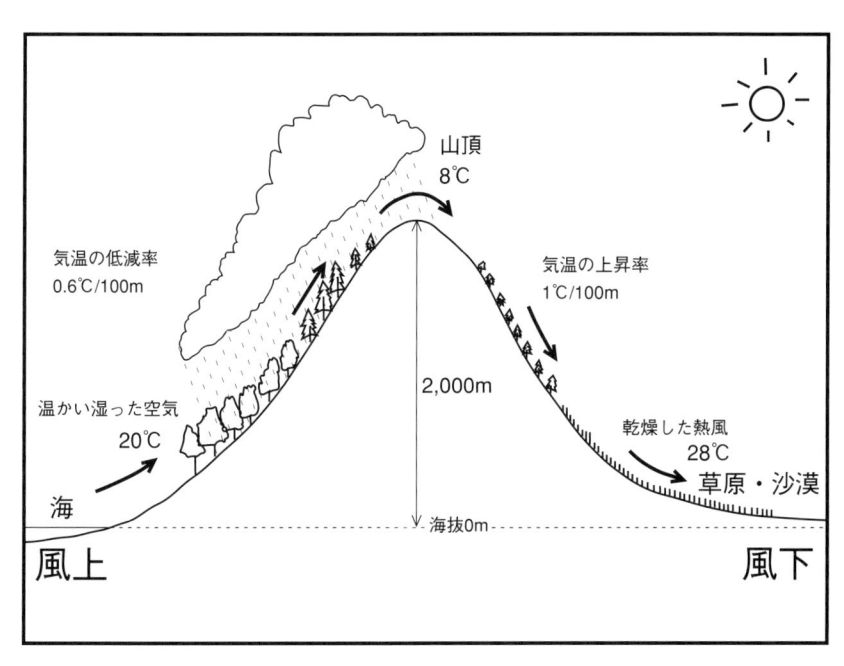

図4-15 地形性降雨とフェーン現象

大気の気温は，高度差100mあたり湿った状態だと0.6℃，乾燥した状態だと1℃変化する．
風上斜面は大量の降雨がもたらされ森林となり，風下は乾燥した熱風の吹き降ろしで乾燥地帯となる．

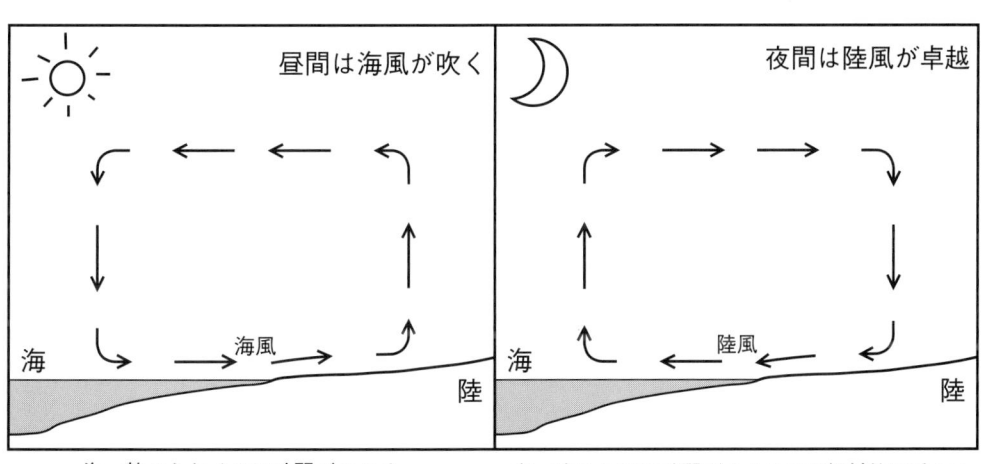

海…熱せられるのに時間がかかる
陸…海に比べると早く熱せられる

海…冷めるのに時間がかかるので相対的に暖かい
陸…早く冷める

図4-16 海陸風の流れ

5-2 海陸風

　熱容量は海と陸地で大きく異なる。このことが海岸地方の風の動きに大きく関係している。日中は，日射によって陸地が海より高温になり上昇気流を発生するので，風が海から陸に向かって吹く。この風を「海風」という。夜間は，気温の低下によって陸地が熱放射して冷え（これを放射冷却という），海が相対的に暖かくなって上昇気流を生じるので，風が陸から海に吹く（図4-16）。この風を「陸風」という。海風と陸風は合わせて「海陸風」という。朝夕は海風と陸風がそれぞれ交代するのでしばらくの間，風がぴたりと止まる。これを「凪（なぎ）」といい，朝は朝凪，夕は夕凪とよんでいる。海岸地方の夏の夕方は無風状態となるのでとくに蒸し暑くなる。

　湖のある湖畔でも同様の現象が発生する。こちらは「湖陸風」とよんでおり，大きな湖ならば大規模なものとなる。

5-3 山谷風

　山地周辺の谷や盆地では海陸風と同様に日中と夜間で交代する風の流れが起きる。日中，山や岡は太陽に近く，朝早くから照らされており，一方，谷や盆地は山や岡よりも厚い大気層の下にあり，日当たりが遅く，短い。これにより山や丘が低地より早く熱せられ上昇気流を発生する。それを補うために山麓の空気が谷から尾根に向かって吹き上がる（図4-17）。夜間は状況が逆転する。谷底は昼の間に暖められた厚い大気層の下にある。一方，山頂部は日没とともに急速に冷やされる。冷やされて重くなった空気は谷に沿って吹き降りる。冷気は重いので低地に滞留し，霜害を起こすといわれている。冬の晴れた夜の盆地は寒さが厳しくなる。斜面を吹き上がる風を「谷風」，吹き下る風を「山風」，両者を合わせて「山谷風」という。

　谷風は日の出から1時間以内に始まり，日射が最大になる時刻に最大になり南側斜面でとくに大きい（斉藤, 1983）。ハング・グライダーの飛行は，この谷風による上昇気流を利用している。

　山谷風と海陸風は局地的な気温差が主因であり，大気境界層（地上1〜2km）で起きているので局地風とよび，地表面の影響を受けない偏西風や貿易風などの大気大循環と異にしている。

6　日本の気候

6-1　日本の気候の特徴

ハング・グライダー ハング・グライダーの最も良い季節は2月頃である。この時期は夜の寒さが厳しく、昼になると日射が強くなる。午前中、日当たりの遅い谷底部と早朝から熱せられる山頂部との間に熱的コントラストが大きくなり、山腹を這い上がる上昇気流が強くなる。それに加え、この時期は雲があっても上空高いので飛行のじゃまにならないからである。写真は神奈川県松田町松田山(標高494m)にて。酒匂川との標高差は約400m。
(大山2004年2月撮影)

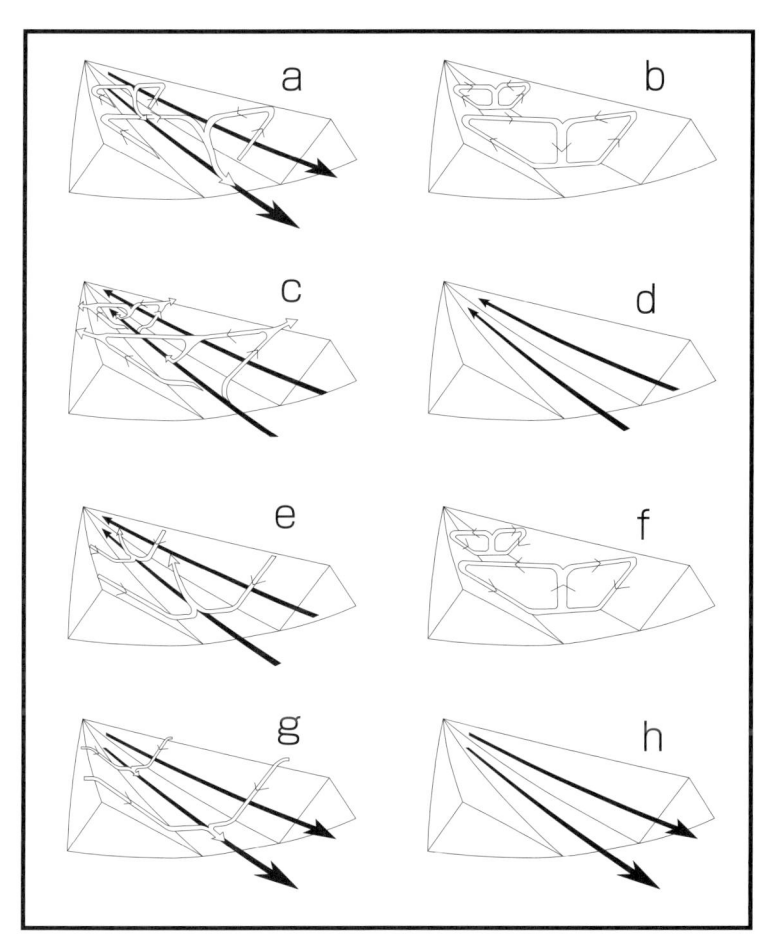

図4-17 山谷風のモデル(F.Defant, 1951)
a) 日の出. b) 09:00ごろ. c) 12:00ごろ. d) 午後. e) 夕方. f) 夜の始まり. g) 真夜中. h) 夜明けごろ.

日本は中緯度に位置する細長い列島で，海洋に囲まれているため広い意味で温帯の国である．しかし，日本列島が北端の宗谷岬（北緯45度31分）から南端の沖の鳥島（北緯20度25分）まで南北25度6分，全長で約3,000kmにおよんでいるので，その両端では気温と気候に相当の開きがある．たとえば，年平均気温は稚内で6.4℃，那覇で22.4℃であり，桜の開花を見ると，沖縄から北海道まで推移するのに約2カ月もかかる．また，日本のもう一つの特徴は『夏は熱帯，冬は寒帯』（中野・小林，1959）と表されているように季節変化が激しい．

　日本の年平均降水量は1,714mmで，世界の約970mmの約2倍である．この多雨が緑と水の豊かな日本を形成している．国土の70%が森林に覆われているのは，森林がたとえ破壊されても早く復活できるほど雨の多いことを意味している．降水量は主に，日本海側が冬に大陸からの北西季節風，太平洋側が春から秋にかけて太平洋からの南東季節風と台風でもたらされる．年降水量は北海道の一部を除けばどこでも1,000mmを越している（図4-18）．南西諸島から伊豆半島にいたる西南日本の太平洋沿岸地域はとくに多雨で，レインバンド（多雨帯）ともよばれている．屋久島，南九州のえびの高原，紀伊半島の大台ケ原（尾鷲）などでは年4,000mmを越えている．この量はインドから東南アジアにかけての多雨地域でも及ばない．

　日本の気候を大きく支配する大気循環は北太平洋高気圧（小笠原高気圧）とシベリア高気圧である．この2つが『夏は熱帯，冬は寒帯』の日本をもたらしている．北半球が夏になると，アジア大陸の内部は熱せられて上昇気流を発生するので低気圧が，日本の南東部の太平洋には暖かい下層の湿った小笠原高気圧が発達する．この結果，太平洋の南東からアジア大陸に向かって南東季節風が吹く．この風が高温多湿な日本の夏をつくっている．冬になると，アジア大陸は冷やされて，積雪に覆われたシベリヤやモンゴルにシベリア高気圧が発達する．アジア大陸は南に東西方向に走る4,000〜8,000m級のヒマラヤ山脈とチベット高原の高い障壁によってインド洋からの暖気の侵入を遮られているため，寒気が一層進む．そして，シベリア高気圧の寒気団は南への出口が塞がれているので，東の太平洋側に向かって激しい吹き出しとなる．これが日本や中国に吹く冬の冷たい北西季節風である．

6-2　日本の四季

6-2-1　冬の天気

　日本の冬は，大陸にシベリア高気圧の発達，北海道東方海上に低気圧のいわゆる西高東低の気圧配置となる．シベリア高気圧から吹き出す冷たい北西季節風は乾燥しているが暖流の対馬海流の流れる日本海上（1月の海水面温度約6〜10℃）を通過中に海面から水蒸気を十分に蓄え，日本海側地域に世界でもまれな大雪をもたらす（武田・二宮，1980）．雪は，季節風が強いと大気の移動が速いので主と

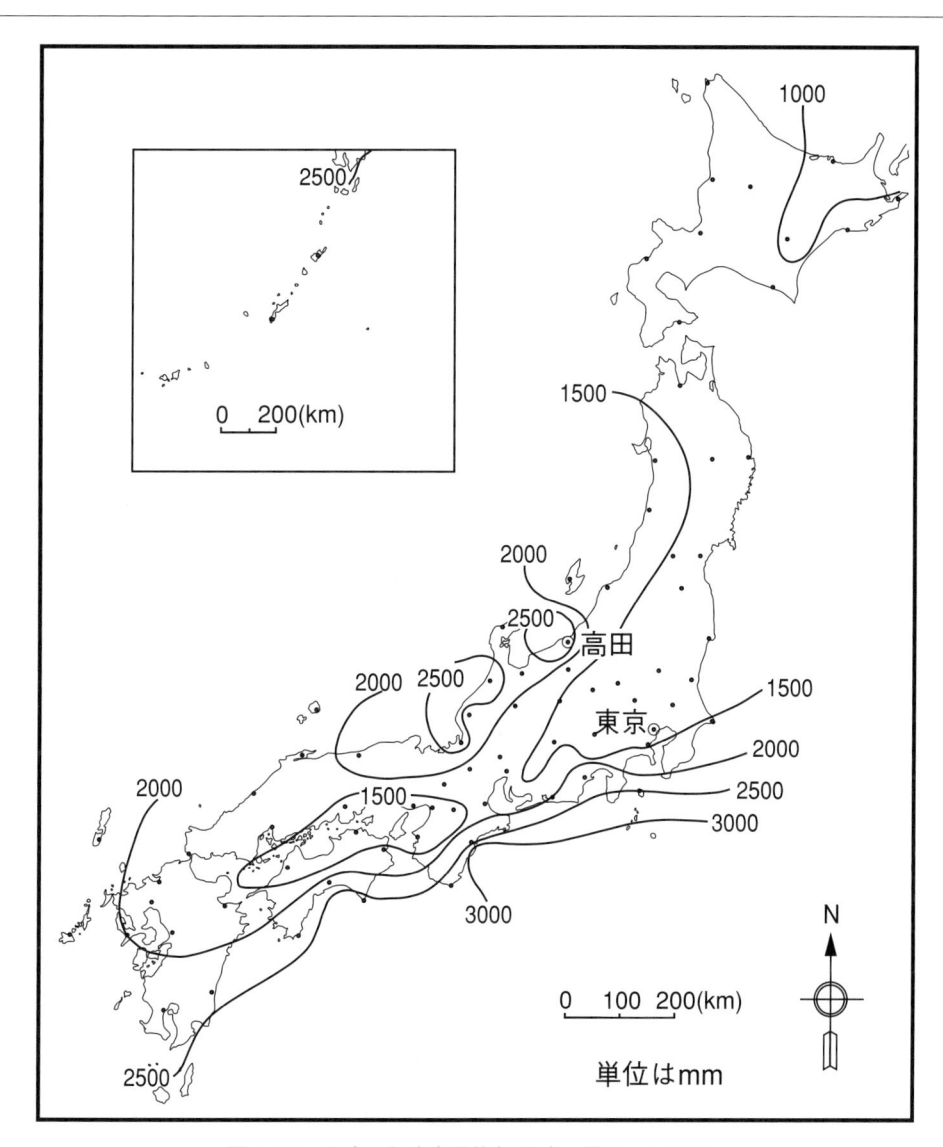

図4-18 日本の年降水量分布(西内、桑田, 1987)

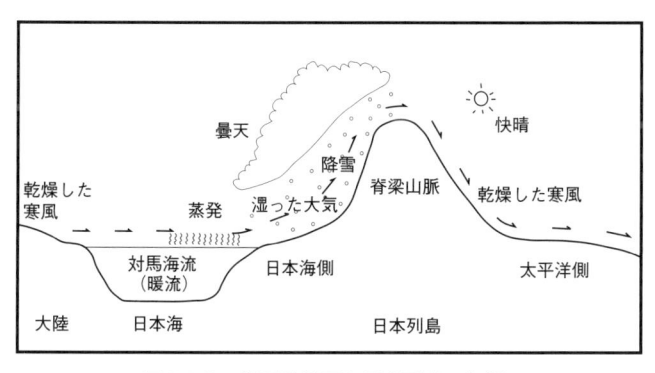

図4-19 北西季節風と日本列島の気候

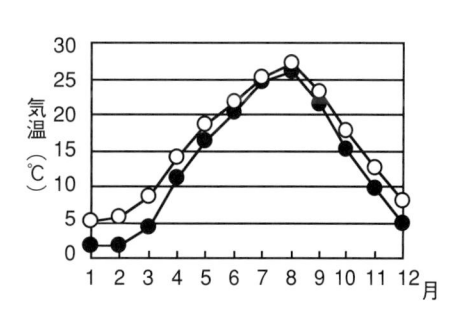

図4-20 ●高田・○東京の月平均気温

して山岳部に，弱いと海岸地方に降り続く。前者は「山雪」，後者は「里雪」とよばれている。日本海側の冬は最大の雨期である。北西季節風は脊梁山脈を越える頃には乾燥し，冷たい風となって太平洋側に吹き下ろす（図4-19）。関東地方ではこの風を"からっ風"とよんでいる。

　1～2月の日本海側は，快晴日が0～1日で，ほとんど毎日が雲天である。一方，脊梁山脈を境に太平洋側は晴天が多く，異常乾燥注意報がたびたび出される。日本の冬は脊梁山脈を挟んで天候が対照的である。脊梁山脈は"天気の国境"ともいわれている。

　気温は1月が年間で最低となる。日最高気温が0℃未満の日は，"真冬日"とよぶ。1941年から1970年の30年間での真冬日の出現日数は，札幌で51日，仙台で3日，長野で9日である。関東から西南日本では真冬日になることは大変まれである（福井ら,1985）

6-2-2　春の天気

　シベリア高気圧は2月末頃から弱まり，気温は急速に上昇する（図4-20）。日本海側は快晴日が増えてくる。一方，太平洋側は雨の日が増え，寒い北風の冬の日と暖かい南風の初夏の日が交互にやってきて（三寒四温），天候が不安定になる。春は北風と南風が入れ替わる時期で，しだいに南風が増えてくる。日本海側では積雪が融け始め，毎年，3～5月にかけて河川流量が増大し，融雪洪水が発生する。

　春は全国的に強い風の吹く日が多く，海難や山での遭難が多く起きる。春先に初めて吹く強い南よりの風を"春一番"といっている。これには「立春から春分の間に日本海に低気圧が発達し，初めて南よりの強風（毎秒8m以上の風速）が吹き，気温が上昇する」と決められている。梅の花が咲き，そして九州で桜が開花すると一気に全国が春の気分になる。

6-2-3　梅雨の天気

　梅の実が熟する5月下旬から6月頃になると日本や中国など東アジア地域だけにみられる長雨の季節の梅雨になる。「梅雨（ばいう）」は中国からの言葉で，日本では五月雨（さみだれ）といっていた。梅雨入りは東西に延びた梅雨前線が日本南岸に停滞し始めた頃である。この頃になると，北のオホーツ海付近にはオホーツク海高気圧の勢力が発達して冷たい風を吹くオホーツク気団が南下し，南方海上には太平洋高気圧（小笠原高気圧）が発達して温暖湿潤な気団が北上してくる。その境目が梅雨前線となる。前線の停滞はこの両勢力がほぼ釣り合っているからといわれている。一般に前線の北側は雨になることが多い。梅雨期は年間降水量の3分の1にも達する。梅雨は関東から九州の太平洋側で著しいが，北海道は梅雨にならないという。梅雨末期には太平洋高気圧からの温暖湿潤な気流によって集中豪雨が多くなる。

6-2-4 夏の天気

　太平洋高気圧の勢力がオホーツク海高気圧の勢力より強くなって梅雨前線が北上すると梅雨が明ける。夏は梅雨明けをもって始まる。それは7月中旬頃である。気温は8月初旬頃に年間で最高となり，北海道でも30℃を越すことがある。日本各地は太平洋高気圧の圏内に入り，天気が安定し，暑い晴天の日が続く。最高気温が30℃以上を"真夏日"という。1941年から1970年の30年間で見ると，真夏日の出現日数は札幌で9日，東京で47日，鹿児島で69日である。日最低気温が25℃以上の日は非常に寝苦しい夜であるので"熱帯夜"とよび，同期間で東京12日，鹿児島16日である。

　太平洋高気圧の勢力が強いと，日本各地は降雨が少なくなり干ばつになる。逆に，太平洋高気圧が弱いと，冷たいオホーツク海高気圧が東北から張り出してきて全国的に冷夏となり，北海道や東北地方は水稲に大きな被害がでる。とくに，6〜8月に三陸沖の親潮（寒流）に冷やされた湿った"やませ"とよばれるオホーツク海高気圧からの偏東風が発達すると北海道から関東平野にかけては冷害になる。

　日本は多雨で，夏に熱帯となるから，日本の夏は高温多湿である。日本家屋は湿気と高温に対して風通しの良いように冬よりも夏向きに造られている。日本の文化や生活スタイルは雨に関係しているともいえる。

6-2-5 秋霖と台風

　8月末になると，南の太平洋高気圧が後退して北の高気圧が張り出すと，暑さも和らぐ。この南北の高気圧の境目が秋雨前線で，雨の多くなる不安定な天気が続く。秋の長雨を"秋霖（しゅうりん）"とよんでいる。霖とは3日以上降り続く雨のことである。この時期は台風の季節でもある。台風とは熱帯地方で発生する低気圧のうち，北太平洋で最大風速が毎秒17m以上になったものをいう。台風の言葉は英語のタイフーン（typhoon）の訳である。かつて日本では台風のことを"暴風"とか"野分"とよんでいた。なお，国際分類では最大風速が毎秒33m以上になった熱帯低気圧を，北太平洋ではタイフーン，インド洋・南太平洋ではサイクロン，北大西洋ではハリケーンとよんでいる。

　真夏には，太平洋高気圧の西縁が中国大陸東岸から朝鮮半島まで達している。台風は低緯度から中緯度に向かって北上すると，太平洋高気圧の西縁に沿って進むので，真夏の頃の大陸東岸は台風の季節である。秋に近づくと太平洋高気圧が縮小するので，日本が台風の季節になる。太平洋高気圧がさらに後退すると，台風は，コースが日本から離れるので来なくなる。また，秋雨前線も南方海上へと移動する。台風は大量の雨をもたらす。カラ梅雨や日照りで渇水していても雨台風が一つ来れば，水不足は一挙に解決する。

6-2-6 晩秋の天気

10月下旬頃から1日に1,000kmの速さで東に進む移動性高気圧が日本列島にやって来る。移動性高気圧の中心付近は雲もなく風も弱いので，穏やかな青く澄んだ秋晴れとなる。晩秋は高気圧が停滞しやすく，日本各地に晴天が続く。

11月下旬になると冬型の西高東低の気圧配置が現れ始め，冷たい北西季節風がしだいに強くなる。冬の手前の11月から12月前半の穏やかな晴天を"小春日和"とよんでいる。

第4章の参考文献

浅井富雄・武田喬男・木村竜治（1981）「雲や降水をともなう大気,大気科学講座2」東京大学出版会，249

栗林　誠・中村和郎（1980）「日本の気候,日本の自然」5-16，岩波書店

小倉義光（2000）「一般気象学」東京大学出版会，308

斉藤直輔（1983）小規模の現象,「気象ハンドブック」107-115，朝倉書店

新田　尚（1986）気象熱力学，337-341,「気象ハンドブック」

田近英一（1996）地球の構成,「地球惑星科学入門」47-100，岩波書店

武田喬男・二宮洸三（1980）「日本の豪雨・豪雪，日本の自然」17-27，岩波書店

東京天文台編（2001）「理科年表2002」丸善

中野尊正・小林国夫（1959）「日本の自然」岩波書店

西内　光・桑田　晃編（1987）「日本気候環境図表」保育社，181

福井英一郎・浅井辰郎・新井正・河村武・西沢利栄・水越允治・吉野正敏（1985）「日本・世界の気候図」東京堂出版，163

福井英一郎（1971）「気候学総論，自然地理学Ⅰ」1-12，朝倉書店

中村和郎，木村竜治，内嶋善兵衛（1996）「日本の気候」岩波書店

村上多喜雄（1993）モンスーンとは何か，科学，63，10，619-623．

安田喜憲（1987）モンスーン大移動，科学，57，11，708-715．

Russell Schnell (1998) Hawai'i and atmospheric change, *Atlas of Hawai'i*, 61-63, University of Hawai'i Press

Defant Friedrich (1951) Zur Theorie der Hangminde, nebst Bemerkungen zur Theorie der Berg-und Taluinde. *Arch, Meteor, Geophys. Biokl.*, 421-450.

Troll C. (1964) Die Jahreszeitenklimate der Erde

冬の景色・小田原（大山1984年2月撮影）　　　夏の景色・江ノ島海岸（大山2004年7月撮影）

5
海と気候

南極半島ポートロッコリー（大矢画）

第5章　海と気候

1　海の形態

　1957年，世界初めての有人人工衛星ヴォストークから宇宙飛行士ユーリ・ガガーリンは「地球は青かった」と発した。この青とは海の色であって地球が水の惑星であることの象徴的な色といえる。原始地球は45.5億年前に灼熱に溶けた状態から形成したと考えられているが，海は少なくとも40億年前には誕生していた。

　地球の表面積は約5.1億km^{2}である。海洋はその中の70.8%，3.61億km^{2}を占めている。海洋のうち，太平洋がもっとも広く46%，次いで大西洋が23%，インド洋が20%で，合わせて三大洋とよばれ89%に達している。海陸の面積比は，北半球で海が60.7%，陸が39.3%で，南半球で海が80.9%，陸が19.1%である。したがって，陸が北半球に集中し，海が北半球より南半球に広いことから，地球を陸半球，海半球と分ける手法もある。

　地球全体の平均気温は15℃であるが，陸と海に分けると，それぞれ12℃，18℃と見積もられる。この気温差の原因は，日射量の多い南緯30度〜北緯30度間の陸海の分布に関係する。この部分の面積は，海洋が全海洋面積の52%，陸地が全陸地面積の44%である。

　地球表面における海の面積は大きく，海水の熱容量（約0.94cal/g）は大気の熱容量（約0.24cal/g）より約4倍も大きく，そして流動しているので，海が気候に与える影響が大きい。

2　海の深さ

　海の深さはかつて錘（おもり）を付けたワイヤの先端が海底に着いたときのワイヤの長さで測定していたが，今日では超音波が海底に反射して再び戻ってくるまでの時間を測って水深を求める音響測深法で行われている。このようにして，世界の海底の水深と地形がわかってきた。

　地球の最高峰のチョモランマ（エベレスト）山頂から最深部のチャレンジャー海淵までの高度差は，実に20,000mである。その間の高さ毎の面積は大陸が標高0〜1,000m，海洋底が水深4,000〜5,000mにもっとも広い面積を占めている（図0-2）。地形の高度分布に2つの極をもつのは太陽系の中で地球だけで，海と陸の形成の違いを示唆している。

3　海水の性質

　海水にはいろいろな塩類やガス成分を溶かし込んでいる。海水1,000g（約1ℓ）の中に溶存する総塩類重量は約35gである（図5-1）。そのうち，もっとも多い元素は，陰イオンでは塩素イオン（Cl^-）で，塩辛いもとになっている。次いで，陽イオンのナトリウムイオン（Na^+）である。海水の水素イオン濃度pHは，およそ7.8～8.4の範囲にあり，弱アルカリ性である。海水の各イオン成分の相対比率と成分濃度はどこの海域でも，いつでも大きく変わらず，河川水などの陸水に比べればきわめて均質で，河川水の流入する沿岸部を除けば1割程度の変化しかない。海水面の温度は最低で約2℃，赤道付近でも30℃程度までである。このように海水の成分と温度がほぼ一定に保たれているのは海水が大きな熱容量をもち，そして全海域において循環をして混合しているからである。

4　海の水収支

　地表や水面から蒸発した水は再び雨となって戻ってくるので，地球の水は一定に保たれている。世界の年平均の降水量（蒸発量）は973mmである。年平均の蒸発量のうち，海が1,177mm，陸が477mmである。年平均降水量は，海が1,066mmで，陸が743mmである。こうしてみると，海は降水量よりも蒸発量のほうが111mm/年（9.4％）多く，いわゆる赤字となっている。これを海の面積3.6億km^2で掛けると4万km^3/年が赤字分である。一方，陸は蒸発量よりも降水量のほうが266mm/年（55.7％）多いので黒字である。これを陸の面積1.5億km^2で掛けると4万km^3/年が黒字分である。海の赤字分の水は陸に運ばれて，雨や雪などの降水となっている。しかし，海水の量は一方的に減少し，河川や湖などの陸水の量は一方的に増加しないで一定している。これは陸の黒字分の水量が河川水や地下水の湧出となって海に戻るからである。

　海洋の水収支は次式で表すことができる。

　　海洋の水収支＝降水量＋陸水量（河川や地下水）－蒸発量

　三大洋と北極海の水収支（表5-2）をみると，大西洋とインド洋の蒸発量は降水量と陸水からの流入量を上回っている。陸からの流入水の塩分濃度は海水に比べれば著しく小さいことから，大西洋とインド洋の塩分濃度は上がる傾向にある。一方，太平洋と北極海の蒸発量は降水量と陸水からの流入量を下回っている。この両海域の塩分濃度は下がる方向にある。しかし，海は一つにつながっているので海水と塩分の過不足分は海流の循環によって互いに補完されている。すなわち，太平洋と北極海は大西洋とインド洋に海水を輸出している。

5 海水の大循環

海流には，大気の大きな流れに引きずられるようにして流れる表層海流と大気の流れに関係しない深層海流がある。前者を「風成循環」，後者を「深層循環」とよんでいる。深層循環は熱塩循環ともよばれ，海水の温度と塩分濃度の密度差によって駆動されている。

5-1 表層海流

海水面は大気の運動（風）方向に引きずられるので，世界の表層海流の分布は風系図とよく似ている。しかし，海流には風の運動と大きな違いがある。それは陸が海流にとって壁になっていることである。赤道付近の海水は東から西に吹いている熱帯偏東風（貿易風）に引っ張られて西に流れ，大陸にぶつかって方向を90度変えて高緯度に向かい，中緯度で西から東に吹く偏西風の作用で東に流れ，再び大陸にぶつかると赤道に向かい，赤道付近で偏東風で西に流れて大洋を循環している。表層海流の循環は赤道を挟んで対称的で，北半球が時計回り，南半球が反時計回りである（図5-2）。したがって，大陸の東側は暖流，大陸の西側は寒流となっている。北太平洋の海流を例にすると，赤道の北を西に流れる北赤道海流は，アジア大陸東沖の弧状列島にぶつかると北上する黒潮（暖流）となり，中緯度の偏西風帯に達すると東に流れて北太平洋海流，アメリカ大陸西岸の沖でカリフォルニア海流と名前を変え，寒流となって南下し，そして偏東風帯で再び北赤道海流となり西流する。このように低緯度と中緯度の間で行われている海流の循環は亜熱帯にあることから亜熱帯循環とよばれる。亜熱帯循環は南太平洋，大西洋，インド洋にも見られる。また，三大洋の表層海流は大陸に囲まれているので循環が効率よく行われている。

海水は環流するうちに熱帯で暖められ，温帯，寒帯で冷やされる。そして，冷やされた海水は温帯，熱帯で暖められる。すなわち，海流は熱帯の熱を北に運び，寒帯の寒さを南に運んでいる。これにより高緯度は果てしなく寒くならず，赤道は一方的に温度上昇をしないのである。このように海水が南北に移動する現象を海洋の「子午面循環」という。また，海流の循環は海水の成分の平均化にもなっている。

ところで，南半球の高緯度は東西に南北方向に分布する陸地がない。このため南極大陸周辺の表層海流は同一緯度を西から東へ流れていて，南北循環が行われていない。この海流は南極点を中心とする南極大陸を回るので南極周極流という。その結果，表層海流による熱の南北交換がほとんど行われず，南極大陸は世界で最低の気温を記録するほど寒くなるものと考えられている。

5-2 深層海流

表5-1 海水の主要な成分濃度

成分		濃度(g/kg)
陽イオン	Na^+	10.77
	Mg^{2+}	1.290
	Ca^{2+}	0.412
	K^+	0.399
	Sr^{2+}	0.008
陰イオン	Cl^-	19.354
	SO_4^{2-}	2.712
	HCO_3^-	0.12
	Br^-	0.067
	$H_2BO_3^-$	0.026
	F^-	0.001
小計		35.16

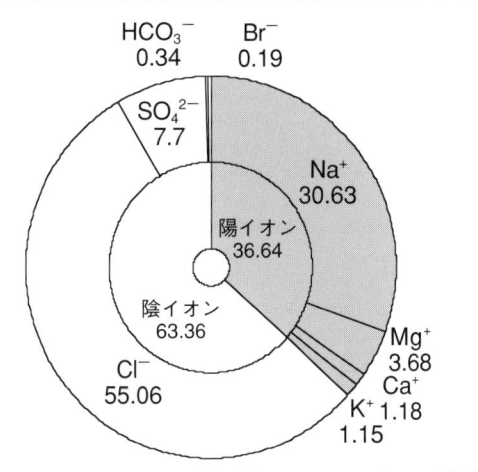

図5-1 海水の主要な成分濃度(質量比%)(西村他, 1983のデータに基づく)

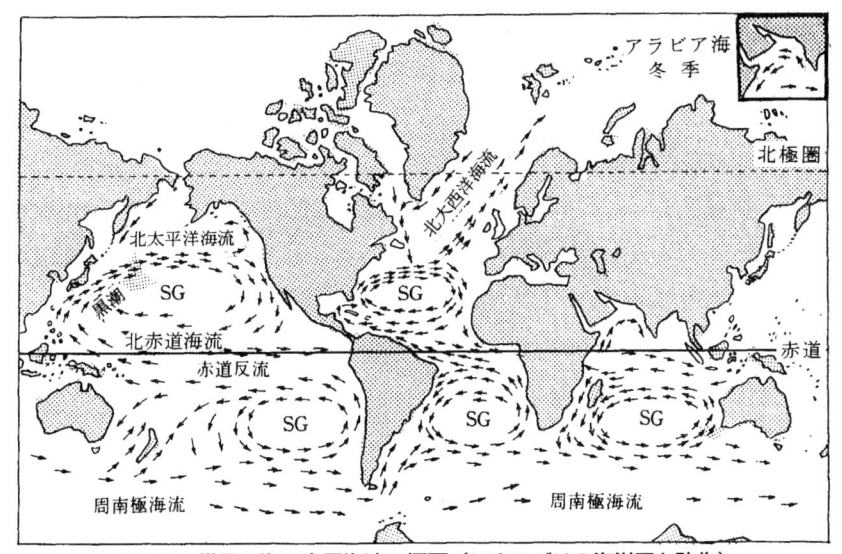

外円: HCO_3^- 0.34, Br^- 0.19, SO_4^{2-} 7.7, Na^+ 30.63, Mg^+ 3.68, Ca^+ 1.15, K^+ 1.18, Cl^- 55.06
内円: 陽イオン 36.64, 陰イオン 63.36

図5-2 世界の海の表層海流の概要 (ヒルスバリの海洋図を改作)

この海流は夏季のもので、枠内に冬季のアラビア海の海流を示す。SGは亜熱帯環流。

表5-2 海洋の年間の水収支(km³) (大森, 1993)

海域	蒸発量	降水量	陸地から流入	収支
大西洋	111000	74650	19400	－16950(－15.27%)
インド洋	100500	81000	5700	－13800(－13.73%)
太平洋	213000	228500	12200	＋27700(＋13.00%)
北極海	500	850	2700	＋3050(＋610 %)
合計	425000	385000	40000	0

表層海流は，太平洋，大西洋，インド洋，南極海，北極海のそれぞれの海域でほぼ閉じた循環をしている。しかし，海洋はすべてつながっているので，一部の海水が各大洋間で海水を交換し，全地球的規模で海水の均一化が行われている。この均一化には深層海流が大きな役割をしている。

　北大西洋は，降水量より蒸発量のほうが多いので海水の塩分濃度が高くなっている。それに加え冬の高緯度ではその塩分を増加させる現象が起きている。海水は約－1.9℃で氷結するが，氷結するのは真水だけで，塩分は氷塊から吐き出される。そのため，海水の塩分濃度は更に濃くなっていく。大西洋の極圏では水温の低下と塩分濃度の増加で，他の海域に比べより密度の大きい海水が作られて深層に沈み込んでいる。とくに，北半球のノルウェー・グリーンランド海は密度のもっとも大きい海水である。一方，南半球で密度が最大の海水は南極のウェッデル海で形成されている。水が沈み込むと，表面の水は沈んだ分の水を補うために引き寄せられる。このようにして，大洋は表層流と深層流が相互に関係しあって循環している。図5-3は蒸発と凍結によって行われる海水の垂直循環の概念図である。

　北大西洋の極圏で沈み込んだ重く冷たい海水は，深層海流となってアメリカ大陸東縁に沿って南下し，途中で南極海で作られた深層海流を加えてオーストラリアの南を通って北太平洋に向かっていく。深層海流はしだいに暖められ，塩分濃度を薄め，ついに上昇して表層の暖かく塩分濃度の薄い水と混じりあっている。インド洋や北太平洋で浮かび上がった海水は再び北大西洋に戻っていく。表層海流の北太平洋からの経路はインドネシアの島々を通り抜けてインド洋に入り，アフリカ大陸の南端をまわって南大西洋に出ると北極圏に向かって北上する。こうした海水の大循環は「海のベルトコンベアー」とよばれている（図5-4）。

　グリーンランドから北太平洋まではおよそ5万kmである。海水中の炭素（^{14}C）による年代測定によれば，グリーンランド沖で沈んだ海水が北太平洋にたどり着くまでおよそ2000年の時間が経過している。現在の北太平洋で深層から湧き出してくる水はキリストが生まれた頃にグリーンランド沖で沈み込んだものである。

　太平洋は降水と河川による供給量が蒸発量を上回っているので，塩分濃度が低くなっている。海のベルトコンベアーは塩分濃度の増大している大西洋の海水を塩分濃度の小さい太平洋にもたらすことにより塩分の濃淡が一方的に進むのを防ぎ，海水の塩分濃度の均一化となっている。また，このベルトコンベアーは広大な赤道海域をもつ太平洋の熱を北大西洋へ運び，北大西洋の冷たい深層水を太平洋に送り出している。すなわち，太平洋は大西洋に熱を輸出し，大西洋から塩分を輸入している（高野,1992）。

　このベルトコンベアーが停止すると地球の環境に計り知れない影響を及ぼすと考えられている。その一つは地球の温暖化によって両極の氷が融け，深層海流を駆動する極圏の海水の塩分濃度が薄まることである。海のベルトコンベアーの停止は熱の輸入と寒さの輸出が行われないため，極圏を中心に寒さが急激に進み，

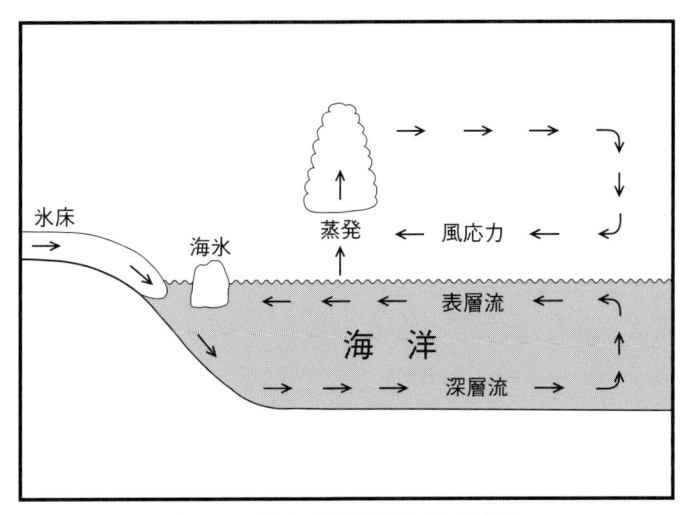

図5-3 表層・深層海流循環の概念図

海水は極で冷やされ，海氷の形成によって塩分濃度を高めることによりさらに密度を増して重くなる。重くなった海水は沈み込んで深層海流を形成する。深層海流は極から低緯度に向かうにつれてしだいに暖められ，塩分濃度を薄めることにより，ついに上昇して表層海流となる。

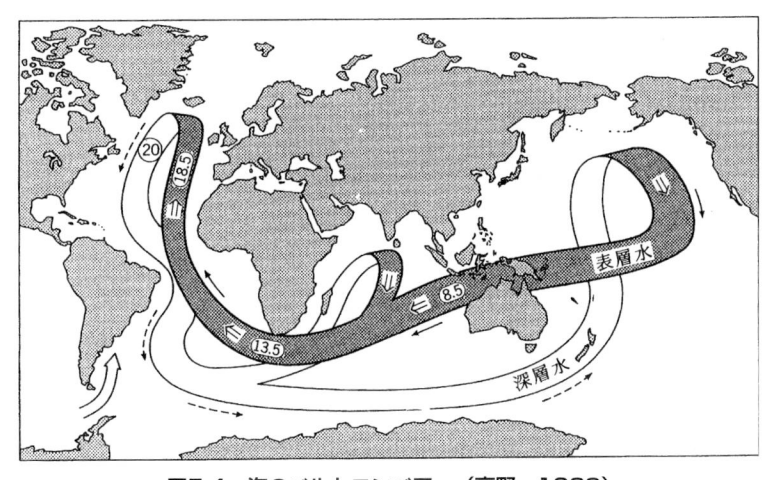

図5-4 海のベルトコンベアー（高野，1992）

北大西洋深層海水の形成にともなう海水の大循環の模式図。実線の矢印は北大西洋に向かう表層海流の経路，破線の矢印は深層海流の流れ。南アメリカ大陸東岸沖の太い矢印は南極海から合流する深層海水。数字は海水流量で，単位は$10^6 m^3/秒$。

氷期が訪れると予想されている。

6　大陸の東岸と西岸の気候

　海水は大きな熱容量をもっているので，大洋に面する沿岸地域の気候は陸地内部に比べて穏和であるとともに海流の影響を大きく受けている。暖流は大気に多量の熱量と水分を与えることから，暖流の流れる沿岸域は温暖多雨の気候となる。一方，寒流は大気の温度を下げるので，寒流に面する沿岸域は低温小雨の気候となる。日本を例にすると，暖流（黒潮）の流れる西南日本の太平洋側は温暖多雨であり，寒流（親潮）の流れる北海道と東北日本の太平洋側は低温小雨である。

　表5-3は各大陸の同緯度付近の西岸と東岸の降水量を比較したものである。緯度は北緯60度，35度，0度，南緯35度付近，測定地点の標高は5〜146mである。中緯度では大陸の西岸に高緯度（極）から低緯度（赤道）に向かう寒流，東岸に低緯度から高緯度に向かう暖流が流れている（図5-5）。降水量は西岸で少なく，東岸で多い。たとえば，寒流のペルー海流が北上する南米の西岸域は乾燥地帯であり，世界でもっとも雨の降らない地域の一つのアタカマ沙漠がある。北米のモハベ沙漠，アフリカのカラハリ沙漠，オーストラリアのグレートビクトリア沙漠にも見られるように，沙漠は寒流の流れる中緯度西岸に偏っている。中緯度は亜熱帯高圧が発達して乾燥した下降気流が盛んなところである。そこに寒流が加わると乾燥が一層促進するので，沙漠が大陸西岸に発達することになる。

　中緯度の東岸側の年間降水量はおよそ1,000mmを越すが，西岸域ではその半分である。しかし，高緯度になると降水量は西岸域が多くなっている。これは西岸に低緯度（暖かい地域）からの海流，東岸に高緯度（寒い地域）からの海流が流れているためと考えられる。赤道付近は降水量が多く，熱帯雨林を形成している。しかし，アラビア海に面するアフリカ東部はモンスーンの影響でむしろ乾燥している。次に降水量の月別分布（図5-6）を見ると，北半球中緯度の降水量は東京のように東岸では夏に多く，冬に少ない。大陸の東岸側は冬に大陸から海に，夏に海から大陸に吹く季節風が卓越するからである。一方，西岸は東岸とは逆に降水量が冬に多く，夏に少なくて乾燥している。冬に多雨で温暖となる気候を地中海性気候とよんでいる。中緯度は冬になると北太平洋の東側に北太平洋高気圧，北大西洋に北大西洋高気圧（アゾレス高気圧）が発達する。偏西風の風下にあたる北米のカルフォルニアや南ヨーロッパと北アフリカの西岸域はこの高気圧の海域から暖かい湿った風に吹かれている。

　高緯度になると，降水量はユーラシア大陸西岸を除くと大陸の西岸・東岸とも月による変化は小さい。

　表5-3は上記の降水量測定と同地点の気温の比較である。最暖月と最寒月の平均気温差を気温の年較差という。この値は赤道で1〜3℃，緯度60℃付近で20〜30℃と低緯度から高緯度に向かって大きくなる。また，年較差は西岸より東岸，

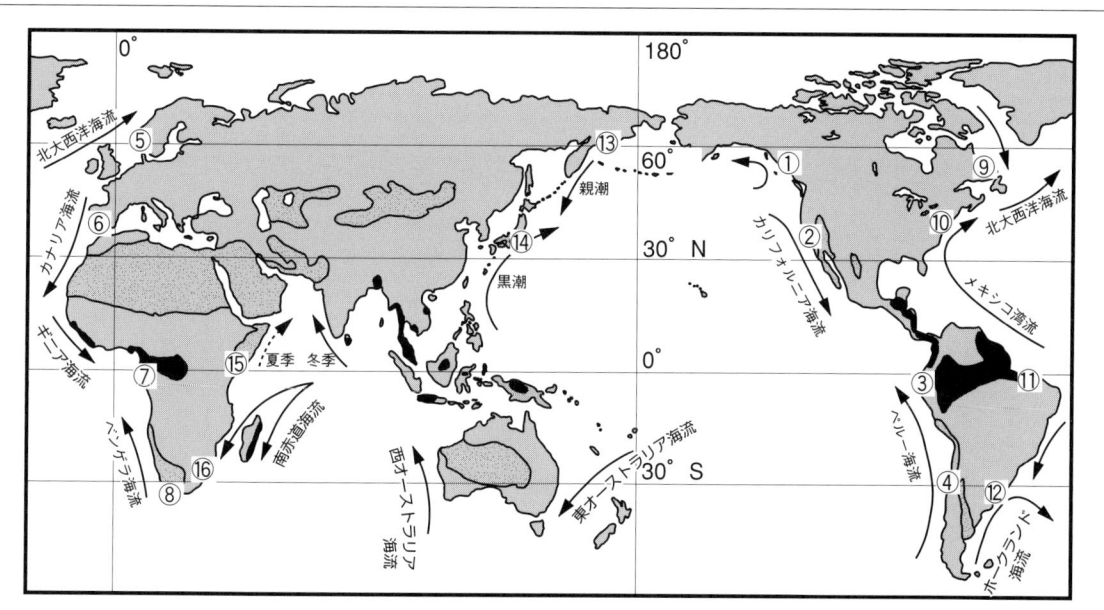

図5-5 主な海流と世界の気候

番号は表5-3の都市，陸上の点域（緯度30度付近）は砂漠，黒域（緯度0度付近）は熱帯雨林。低緯度から高緯度への矢印は暖流，高緯度から低緯度への矢印は寒流

表5-3 大陸西岸東岸の降水量・気温比較（国立天文台2000）

大陸	ユーラシア		北アメリカ	
東西海岸	西岸	東岸	西岸	東岸
番号	⑤	⑬	①	⑨
都市名	ベルゲン	アブカ	ジュノー	グース
緯度	N60°24'	N60°27'	N58°22'	N58°19'
標高m	44	8	7	49
降水量mm	843.7	470.6	1340.9	962.4
気温℃	3.8	−2.4	4.6	−0.4
年較差℃	12.8	23.6	18.4	31.3
番号	⑥	⑭	②	⑩
都市名	リスボン	東京	サンフランシスコ	ワシントンDC
緯度	N38°47'	N35°41'	N37°37'	N38°51'
標高m	123	7	5	20
降水量mm	768.6	1405.3	501.6	981.5
気温℃	16.6	15.6	13.9	14.3
年較差℃	11.2	21.9	8.6	24.9
大陸	アフリカ		南アメリカ	
東西海岸	西岸	東岸	西岸	東岸
番号	⑦	⑮	③	⑪
都市名	リーピルビル	モガジシオ	グワヤキル	ベレン
緯度	S00°27'	N02°02'	S02°09'	S01°27'
標高m	15	9	9	8
降水量mm	2743.2	449.6	1049.4	2859.1
気温℃	26	26.8	25.3	26
年較差℃	2.8	2.2	2.9	1.1
番号	⑧	⑯	④	⑫
都市名	ケープタウン	ダーバン	ラサレナ	ラプラド
緯度	S33°59'	N29°58'	S29°55'	S34°51'
標高m	42	8	146	16
降水量mm	518.7	999.4	90	1091.2
気温℃	16.3	20.6	13.6	17.1
年較差℃	8.5	7.7	6.4	12.3

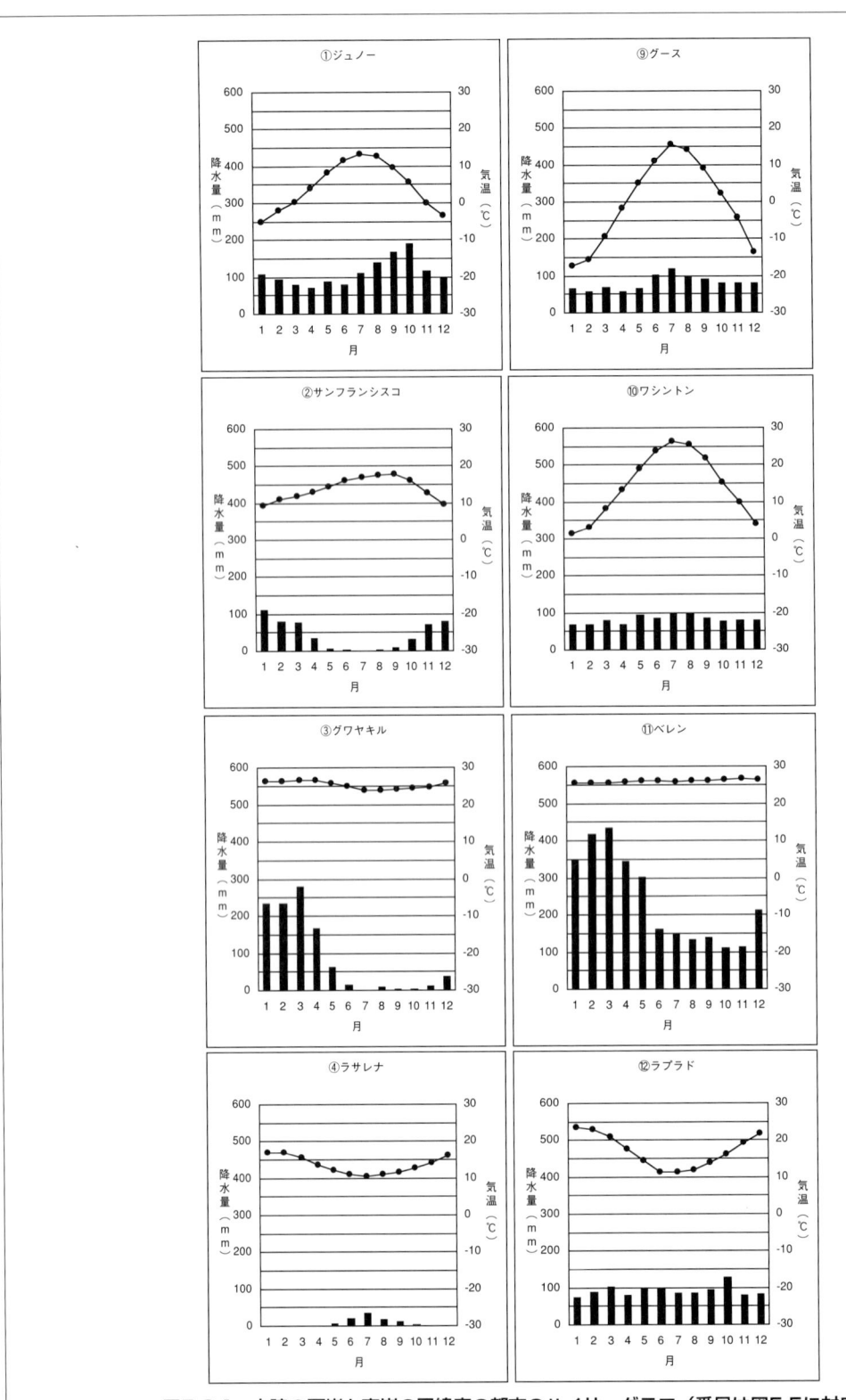

図5-6-1　大陸の西岸と東岸の同緯度の都市のハイサーグラフ（番号は図5-5に対応）

図5-6-2 ユーラシア・アフリカ大陸の西岸と東岸の同緯度の都市のハイサーグラフ（番号は図5-5に対応）

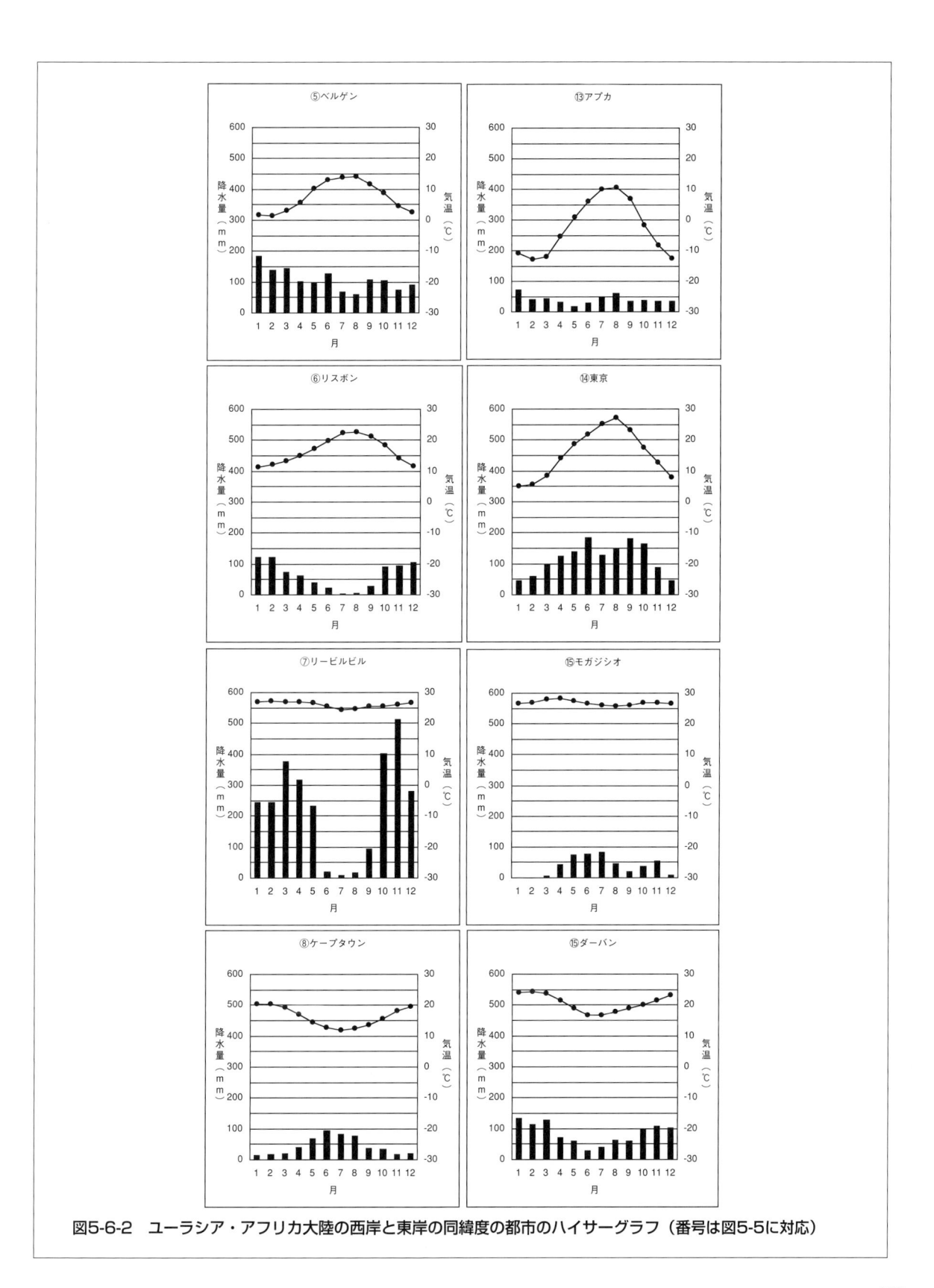

南半球より北半球で大きい。年較差が北半球の東岸側で大きいのは，冬になると大陸に寒冷な高気圧が発達して，東岸に向かって吹くからである。一方，南半球は，大陸の規模が小さいこと，大陸の分布が南緯30度までの暖かい地域であるので，寒冷な高気圧が発達せず，海洋の影響に支配されて年較差が小さい。

平均気温は北半球の高緯度地方を除けば西岸より暖流の流れている東岸のほうが高い。北半球の高緯度の気温は大陸西岸が夏も東岸よりも高く，中緯度と逆である。これは西岸の海流が低緯度から北上し，東岸の海流が高緯度から南下していることに関係していると考えられる。とくに，メキシコ湾流の流れ（北大西洋海流）が北上するユーラシア大陸の西岸は北緯60度に位置するベルゲンの冬でも零下にならず，1,000km以上も南の東岸側の北海道よりも暖かい。

北半球は陸半球，南半球は海半球といわれる特徴が気温によく現れている。

7　エル・ニーニョと異常気象

南アメリカ大陸西岸のペルー沖は世界有数の漁場である。とくにアンチョビとよばれるカタクチイワシがよく獲れる。水揚げされたアンチョビの大部分は魚粉として輸出され，家畜の飼料となっていた。このアンチョビは海水面温度の上昇によって数年に一度不漁となり，同時に異常気象が世界的に発生する。これをエル・ニーニョ現象とよんでいる。ペルー沖のアンチョビ漁は1950年代から始まり，1970年に年間漁獲高1,200万トンに達したあと突然とれなくなってしまった（図5-7）。魚粉となるアンチョビが不足すると，その代用となる大豆の値段が世界的に上がった。こうした経済問題と異常気象の発生からエル・ニーニョ現象が知られるようになった。

毎年，12月のクリスマス頃になると暖流がペルー沖に来て，暖流系の魚が獲れる。現地ではこの暖流を神の贈り物に見立てて「エル・ニーニョ」とよんでいた。エル・ニーニョ（El Nino）の"エル"は男性定冠詞，ニーニョは"男の子"という意味のスペイン語で，大文字にすると「神の子」となる。その頃，南半球は夏になると，南東貿易風が弱まり，赤道域の暖流が流れ込んでくる。この暖流は夏の終わる3月頃に消えるのであるが，海水面の暖かい状態がさらに長く，時には数年続くことがある。そうすると，漁業は壊滅的になる。エル・ニーニョ現象は当初，暖流の流入に関係していると考えられたので，その名が使用された。しかし，その後の研究でこの暖流と関係ないことが判明した。

南アメリカ大陸の西岸沿いには，南極海から赤道に向かって北上する寒流のペルー海流（別名；フンボルト海流）が流れている。亜熱帯高気圧帯に位置するペルー沖付近では，風がいつも陸から海に向かって吹いている。寒流は大気を下から冷却して縮小させるから，海に向かう風は強くなって海面の水を沖合に押しやり，海流の速度を速める。すると海は風で押しやられた分，すなわち南極海方面から来る海流よりも赤道に向かう海流の海水量が多くなるので，多くなった分を

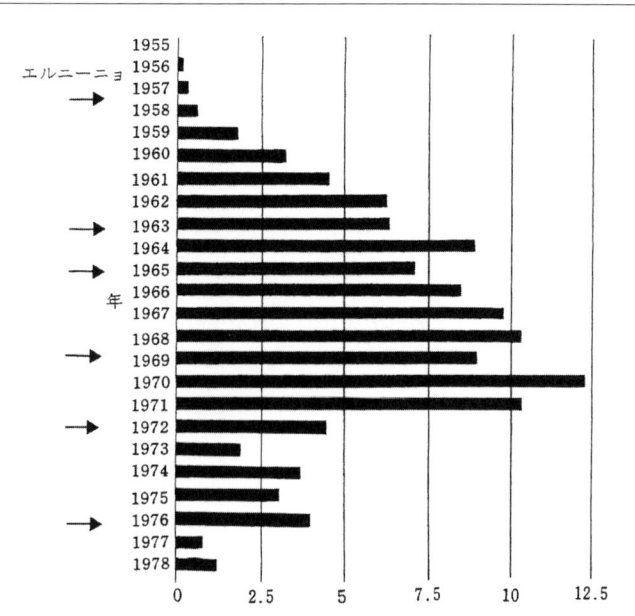

図5-7 ペルーにおけるアンチョビの漁獲高の推移（佐伯，2001）

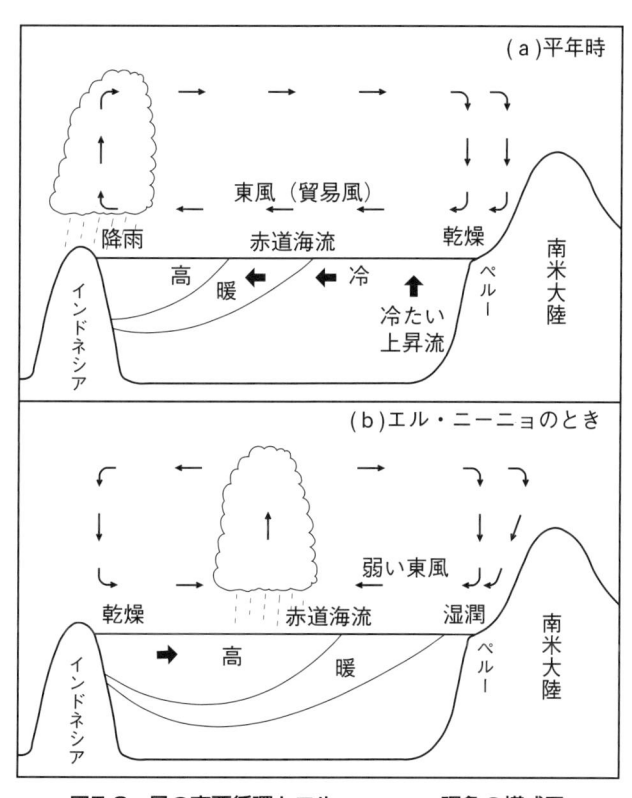

図5-8 風の東西循環とエル・ニーニョ現象の模式図

ペルー沖は深海からの冷たい湧昇流が大量にあり，東西の温度差が大きく，風の東西循環が活発である(a)。エル・ニーニョ現象のときには風の東西循環が不活発となり，ペルー沖では湧昇流が少なくなり，海水面温度が上昇する(b)。

補うために深海から冷たい海水が湧き上がってくる。これが沿岸湧昇流である（図5-8）。沿岸湧昇流は深海から窒素などの栄養分を多く含んでいるので，大量のプランクトンを繁殖させる。そのプランクトンを目当てに魚が多く集まり，ペルー近海は世界有数の漁場となっている。

　赤道海流は西に向かうにしたがい暖かくなる。西のインドネシア諸島で暖められた大気は上昇し，対流圏で東に向かい，しだいに冷やされて東部太平洋で下降し，東風（貿易風）となって戻り，東西循環を形成している（図5-8）。この時，海水面温度は西太平洋で28℃を越え，東太平洋のペルー沖で22℃以下である（小倉,2000）。ところが，なにかの要因で数年ごとに貿易風が弱まることがある。この結果，貿易風によって引きずられる赤道海流の速度は低下し，ペルー沖の湧昇流が弱まる。また，西に向かう赤道海流は速度低下によってインドネシア諸島のはるか手前で熱くなり，上昇気流が発生する。そうなると，ペルー沖の海水は暖かくなり，深海からの栄養分の補給が止まるだけでなくプランクトンの生息もできなくなり，不漁となる。史上最悪となった1982年のエルニーニョのときにはペルー沖の海水面温度が平年より5℃以上も上昇していた（近藤,1992）。

　エル・ニーニョ現象が起きると，西太平洋の東アジアでは低温と干ばつになり，逆に，中部太平洋，ペルー，アメリカ南部に豪雨をもたらしている。1982年と1997年のエル・ニーニョのときは，インドネシアの各地に森林火災が発生した。日本では暖冬と冷夏の傾向になる。

　エル・ニーニョ現象は東西の気圧変動と相互関係しているらしいことが最近注目されている。この南方海域での東西の気圧変動をウオーカー（Walker）が1923年に発見して南方振動（Southern Oscillation）と名づけた。今日，エル・ニーニョ現象は海洋と大気を一体として考える必要があるので南方振動と合わせてエンソ（ENSO,El Nino and Southern Oscillation）とよばれている。

　エル・ニーニョの反対の状態，すなわちペルー沖の海水面温度が普通の状態よりも低くなる年もあり，これはラ・ニーニャ（La Nina, 女の子の意味）とよんでいる。当初は「反エル・ニーニョ」とする考えもあったが，これだと反キリストと読まれることもあるので男の子に対して女の子としたとのことである。ラ・ニーニャのときには，エル・ニーニョのような異常気象はないようである。

第5章の参考文献

大森博雄（1993）「水は地球の命づな」岩波書店.
須藤英雄編著（1994）「海から見た地球環境」成山堂書店.
榧根　勇（1980）「水文学」大明堂.
高野健三（1992）氷期の海，科学，62,10，625-632.
小倉義光（2000）「一般気象学」東京大学出版会.
近藤純正（1992）「身近な気象の科学」東京大学出版会.
佐伯理郎（2001）「エルニーニョ現象に学ぶ」成山堂書店.

【話題4】オゾン層の破壊と人類の危機

　成層圏に分布するオゾン層のオゾン量は0℃で一気圧の大気中で3mm程度の厚さである。このわずかなオゾン量が生物に有害な太陽からの紫外線を吸収している。大気中に酸素濃度が増加し始めたのは約20億年前である。大気中のオゾン量は約4億年前になってようやく現在の50～60%に達した。これにより，約40億年前に地球上に誕生した生物は太陽紫外線の届かない水中（深海）から陸上に進出し，生存できるようになった。そして，生物の陸上進出から4億年かかって現在の人類が誕生できた。しかし，このオゾン層は1970年代頃から南極点や北極点の上空を中心に急速に破壊が進み（オゾンホールの形成），陸上生命が危機にたたされている。オゾン層破壊の主因は「夢の化合物」とよばれたフロン類の大気中への放出である。フロンは1928年に発明され，精密機器の洗浄剤，冷蔵庫などの冷媒に広く利用されてきた。特定フロンは生産・利用が1995年に国際的に禁止されたが，大気中にはまだ大量に残留している。また，代替フロンが生産過程にあるが，使用量が増大すれば成層圏オゾン層に影響が出てくる可能性がある（中村ら，1996）。現在，人類は便利や豊かさを求めることが必ずしも幸いではないという課題に直面している。

【話題5】沙漠と語源

　サハラ沙漠やゴビ沙漠の"沙漠"という字は水が少（沙）なく，極度に乾燥しているため植生が乏しい荒涼とした不毛の地（漠）を意味しており，砂丘の広がっている土地のみならず，岩石や礫だけの所（岩石沙漠ともいう）などもさす言葉である（表1）。

表1

サハラ	荒れた土地を意味するアラビア語の「サフラー」に由来。
タクラマカン	ウイルグ語で「入れば出られない」という意味。
ゴビ	モンゴル語で「草がまばらに生えている荒れた土地」という意味。

　世界でもっとも広い沙漠はサハラ沙漠で，面積が906万km^2，日本の面積の約24倍もある。世界でもっとも乾燥している地域はサハラ沙漠と南アメリカ西海岸のアタカマ沙漠といわれている。年間降水量は日本だと約1,700mmであるが，サハラ沙漠の東端のアスワンでは0.7mm/年で1mmにも達しない。また，アタカマ沙漠のチリのアントファーガスでは2mm/年，カンチョネスでは1919年から1964年までの45年間は全く降水がなかったといわれている。

【話題6】魔の無風地帯（馬の緯度帯）

　風は亜熱帯高気圧帯を境に高緯度が北と東向き，低緯度が南と西向きとなるので，亜熱帯高気圧帯にほとんど無風の地帯を生ずることがある。帆船時代の船は風の動きに頼って航海しているので無風地帯に入ってしまうと，ぴたりと止まってしまう。とくに亜熱帯高気圧帯では何日も海上を漂うことになる。船長はわずかな風でも利用するために新大陸に運ぶ馬を海に捨て，船の重量を軽くしたという。そこから，亜熱帯高気圧帯は「馬の緯度帯"Horse latitudes"」ともよんでいる。

【話題7】風船爆弾

　第二次大戦中（-1945），東京気象台長の藤原咲平はすでに高層（上空約9,000m）に西から東へ向かう高速の気流の存在を推測していた。日本陸軍は昭和19年11月からこの気流を利用して福島県勿来（なこそ），茨城県大津，千葉県一宮から約6,000個を放球した（福井ら，1985）。風船爆弾は和紙をコンニャク糊で張り，ヘリウムと砂利と焼夷弾を入れたものであった。米政府が確認しただけでも285個が米本土に着き，ロッキー山脈では山火事を起こしている。

【話題8】春分・秋分の日は彼岸の中日

　太陽が真東から出て真西に沈む春分と秋分の日は彼岸の中日である。この日が仏教徒にとって重要なのは，太陽が西方浄土（阿弥陀仏のいる極楽世界）の方向を示してくれるので，迷わないでそこに行けるありがたい日だからという。

著者紹介

大山正雄　おおやま　まさお
昭和女子大学・専修大学・早稲田大学オープンカレッジ講師。文学博士。日本温泉協会常務理事・学術部委員。日本温泉科学会会長。2004年温泉関係功労者環境大臣表彰受賞。1943年横浜生まれ。1970年より2004年まで神奈川県温泉地学研究所勤務。この研究所において自然地理学，水文学，温泉学，地球科学の調査・研究に従事。
共著に，『水ハンドブック』（丸善）『箱根湯本・塔之沢温泉の歴史と文化』（夢工房）『建築実務に役立つ地下水の話』（建築技術）『温泉科学の最前線』（ナカニシヤ出版）『温泉—自然遺産と文化遺産』（日本温泉協会）『大学テキスト自然地理学　上・下』（古今書院）

大矢雅彦　おおや　まさひこ
早稲田大学名誉教授。理学博士。
1923年名古屋生まれ。1966年より1994年まで早稲田大学教育学部教授。自然地理学，応用地形学が専門で，河成平野の地形的特性や水害地形などに関する業績，とくに水害地形分類図を多く作成し，今日の防災地形の発展の基礎を築いた。多くの大学で多数の研究者を育成し，学術研究交流においては日本地理学会常任委員長をはじめとして日本学術会議や国際地理学連合で活躍し，博物館においては東京都葛飾区郷土と天文の博物館名誉館長として一般への教育普及にも尽力した。また，日本建設コンサルタント㈱の技術顧問として研究を継続した。2005年3月逝去。
単著に，『河川の開発と平野』（大明堂）『河川地理学』（古今書院）『アトラス水害地形分類図』（早稲田大学出版部）『河道変遷の地理学』（古今書院）
監修訳書に，『ヨーロッパの地形　上・下』（大明堂）
共編著に，『地形分類図の手法と展開』（古今書院）『自然災害を知る・防ぐ』（古今書院）『河川工学』（鹿島出版会）『防災と環境保全のための応用地理学』（古今書院）『地形分類図の読み方・作り方　改訂増補版』（古今書院）『大学テキスト自然地理学　上・下』（古今書院）

書　名	大学テキスト自然地理学　上巻
コード	ISBN978-4-7722-5071-9 C3025
発行日	2004（平成16）年5月1日　初版第1刷発行 2006（平成18）年3月3日　第2刷発行 2008（平成20）年7月17日　第3刷発行 2013（平成25）年1月17日　第4刷発行
著　者	大山正雄・大矢雅彦 Copyright ©2004 Oyama Masao and Oya Masahiko
発行者	株式会社古今書院　橋本寿資
印刷所	凸版印刷株式会社
製本所	凸版印刷株式会社
発行所	古今書院 〒101-0062　東京都千代田区神田駿河台2-10
WEB	http://www.kokon.co.jp
電話	03-3291-2757
FAX	03-3233-0303
振替	00100-8-35340

検印省略・Printed in Japan